水利水电工程造价实务

张贻平　主编

图书在版编目（CIP）数据

水利水电工程造价实务 / 张贻平主编. -- 北京 : 中国水利水电出版社, 2011.8
ISBN 978-7-5084-8978-0

Ⅰ. ①水… Ⅱ. ①张… Ⅲ. ①水利水电工程－工程造价 Ⅳ. ①TV512

中国版本图书馆CIP数据核字(2011)第179913号

书名	**水利水电工程造价实务**
作者	张贻平 主编
出版发行	中国水利水电出版社 (北京市海淀区玉渊潭南路1号D座 100038) 网址：www. waterpub. com. cn E－mail：sales@ waterpub. com. cn 电话：(010) 68367658（发行部）
经售	贵阳科水书店（零售） 电话：(0851) 5870577 北京科水图书销售中心（零售） 电话：(010) 88383994、63202643 全国各地新华书店和相关出版物销售网点
排版	北京鑫联必升文化发展有限公司
印刷	北京市兴怀印刷厂
规格	140mm×203mm 32开本 9印张 242千字
版次	2011年8月第1版 2011年8月第1次印刷
印数	0001—3300册
定价	**55.00**元

前　言

党的十七届五中全会和中央经济工作会议突出强调要加强水利建设。2011 年的中央 1 号文件聚焦水利，强调要把水利工作摆上党和国家事业发展更加突出的位置。根据中央 1 号文件精神，贵州省委、省政府出台《关于加快水利改革发展的意见》，对“十二五”时期及更长时间全省水利工作的目标任务和具体措施作出了安排部署，贵州省水利事业迎来了又好又快、更好更快的跨越式发展机遇。贵州省水利厅为适应新形势，加强全省水利工程造价计价管理，进一步规范地方水利工程造价计价依据，合理确定和有效控制工程投资，提高投资效益，组织编制了 2010 年版《贵州省水利工程设计概（估）算编制规定》及配套系列定额。为配合该套《编制规定》和系列定额发布后的宣贯学习和实施，贵州省水利水电建设管理总站组织作者编制了本书。

本书共分 8 章，前 7 章主要阐述水利工程建设各阶段造价和计价方法，附带阐述了水利工程中必不可少的相关工业与民用建筑工程造价的计价方法。第 8 章主要阐述在水利工程建设施工中，对投资影响较大的临时工程的计价依据分析计算等操作实务，着重讨论了水利工程建设各阶段造价文件编制方法、技巧和分析方法等。本书注重实用性，列有诸多工程实例，同时尽量反映本学科的最新成果，除了作为 2010 年版《贵州省水利工程设计概（估）算编制规定》及配套系列定额的宣贯学习辅助材料外，还希望能对从事这一专业的初学者提供较为实用的参考资料；同时，对国内从事水利工程造价管理的从业人员和水利建设工程的管理、设计、施工、监理等人员也有一定的参考价值。

水利工程项目建设是周期长、资源消耗数量大的消费过程，在我国当前情况下多数以国家投资为主，其价格有较强的政策性和时效性。本书内容如与有关政策、规定不符，实际操作应按有关文件规定及标准执行。

在我国社会主义市场经济飞速发展的今天，水利工程造价管理正处于变革时期，大量问题有待于进一步研究探讨，加上编者水平有限，本书存在的不足之处，敬请读者批评指正。

感谢贵州昱龙实业发展有限公司对本书的出版与发行所做出的基础性工作。

编者

2010 年 3 月

目　录

第1章　水利水电工程造价概论

第1节　工程造价的含义和特点

工程造价是建设工程造价的简称，有两种含义。第一种含义从投资者的角度来定义，工程造价是指建设一项工程预期投入或实际投入的全部固定资产投资费用的总和。从这个意义上说，工程造价就是工程投资费用，建设项目工程造价就是建设项目固定资产投资。第二种含义工程造价是指工程价格，即建成一项工程，预计或实际在土地市场、设备市场、技术劳务市场以及承包市场等交易活动中形成的建筑安装工程的价格和建设工程总价格。通常把工程造价的第二种含义只认定为工程承发包价格。它是在建筑市场通过招投标由需求主体投资者和供给主体建筑商共同认可的价格。

工程造价的多次计价特征包括工程建设全过程中各个计价阶段，即可行性研究阶段的项目投资估算，初步设计阶段的设计概算，施工图设计阶段的施工图预算和施工阶段的施工预算等。它们各自的编制依据、深度和作用都不相同，表现出工程造价计价的多样性。

工程预算是确定工程造价的一种特定方法。工程预算工作的任务，就是根据工程产品的特点，按照规定的工程定额、费用标准和计算规则，将构成工程产品价值的各项因素，以货币形式表现出来，从而确定工程产品的预计价格。可行性研究阶段项目评估时的估价即为投资估算；设计概算、施工预算和竣工决算，就是工程产品在建设的不同阶段，与之相应的三种互为联系和制约的定价方法。

第2节　现行水利水电工程造价的阶段确定

1.2.1　可行性研究投资估算

可行性研究是水利水电建设程序中的一个重要阶段，是前期工作的关键性环节。投资估算是可行性研究报告的重要组成部分，是国家（或项目法人）为选定近期开发项目作出科学决策和批准进行初步设计的重要依据。

可行性研究报告投资估算是指在可行性研究阶段，按照规定的编制办法、指标、现行的设备材料价格和工程具体条件编制的以货币形式表现的技术经济文件。经上级主管部门批准的投资估算，即作为控制该建设项目初步设计概算静态总投资的最高限额，不得任意突破。

1.2.2　概算与预算

概算和预算是不同阶段对工程造价的一种确定方法，大致有以下区别。

(1) 所起作用不同。概算编制在初步设计阶段，并作为向上级主管部门报批投资的文件，经审批后用以编制固定资产计划，是控制建设项目投资的依据。预算编制在施工图设计阶段，它起着建筑产品计划价格的作用，是编制标底价格的依据。水利水电建设项目按现行规定没有编制施工图预算文件的要求，但是，对于实行招标的合同工程项目，在接受建设单位委托的条件下，需进行标底的编制工作。

(2) 编制依据不同。概算依据概算定额或概算指标进行编制，其内容项目经综合、扩大而比施工图预算简化，概括性强。预算则依据预算定额单价或综合预算定额单价及统一取费率进行编制，其项目较详细。

(3) 编制内容不同。概算应包括工程建设的全部内容，如总概算要考虑从筹建开始到全部竣工、验收、交付使用为止所需的一切费用。预算一般不编制总预算，只编制单位工程预算和综合预算书，一般也不包括准备阶段的费用（如勘察、征地费等）。

1.2.3　初步设计概算

初步设计概算是初步设计文件的重要组成部分，必须完整地反映工程初步设计的内容，严格执行国家有关的方针、政策和制度，实事求是地根据工程所在地的建设条件，正确地按有关依据和资料，在已经批准的可行性研究报告估算总投资的控制下进行编制。

初步设计概算批准以后，它是确定和控制基本建设计划，编制利用外资概算和执行概算，编制工程招标的标底，实行建设项目投资包干，考核工程造价和验核工程经济合理性的依据。

初步设计概算是评审初步设计文件质量的主要内容之一。设计概算的深度和质量如达不到规定要求，设计单位应予重编。

利用外资的项目根据资金来源和利用外资的形式须编制具有相同于内资概算作用的外资概算，也是初步设计内资概算的延续和补充，其编制一般应按两个步骤进行。第一步，按国内概算的编制办法和规定，完成内资概算的编制；第二步，按已确定的外资来源、额度和投向的基础上，参照国内概算的编制办法编制内、外资概算，即为“外资概算”。

1.2.4　执行概算

执行概算是在已经批准的初步设计概算的基础上，对已经确定实行招标承包制的水利水电工程建设项目，为满足项目法人（业主）对投资控制和管理的要求，按照总量控制、合理调整的原则编制的内部预算，也称业主预算。

1.2.5　施工图预算

施工图预算应在已批准的初步设计概算的控制下进行编制。当某些单位工程施工图预算超过初步设计概算时，设计总负责人应当分析原因，考虑修改施工图设计，力求与批准的初步设计概算达到平衡。

施工图预算的主要作用有以下几个：

（1）是确定单位工程项目造价，作为编制固定资产计划的依据。

（2）是在初步设计概算控制下，进一步考核设计经济合理性的依据。

（3）是签订工程承包合同，实行建设或施工单位投资包干和办理工程结算的依据。

（4）是进行单项工程招标时确定招标标底的重要依据，是结算工程价款的依据。

（5）是建筑企业进行经济核算，考核工程成本的依据。

1.2.6 施工预算

施工预算是建筑企业以单位工程为对象所编制的人工、材料、机械台班耗用量及其费用总额，即单位工程计划成本，其编制目的是按计划控制企业劳动和物资消耗量。施工预算是企业进行劳动调配、物质技术供应、组织生产、下达施工任务单和限额领料单、控制成本开支、进行成本分析和班组经济核算以及“两算”对比的依据。施工预算包括：

（1）分层、分部位、分项工程的工程量指标。

（2）所需人工、材料、机械台班消耗量指标。

（3）按人工工种、材料种类、机械类型分别计算的消耗总量。

（4）按人工、材料和机械台班的消耗总量分别计算的人工费、材料费和机械使用费，以及按分项工程的单位工程计算的直接费。

施工预算由企业根据自身情况依据施工图、施工方案和体现企业的平均先进水平的施工定额，采用实物法进行编制。施工预算和建筑安装工程预算之间的差额，反映了企业个别劳动量与社会平均量之间的差别，能体现降低工程成本计划的要求。

1.2.7 标底与报价

标底是招标工程的预计价格，是项目法人委托具有相应资质的机构根据招标文件、图纸，按照有关规定，结合招标项目的具体情况计算出的合理工程价格，作为招标工程的标准价格。标底是招标人对招标项目“内部控制”的预算，也是在市场竞争条件下对实施工程项目所需费用的预测，还是招标人进行招标所需掌握的重要价格资料。

标底是项目法人对拟招标工程所需投资的自我测算，以明确自己在招标工程上应承担的财务义务。标底也是衡量投标人投标报价的准绳和评标的重要尺度，是正确判断和评价投标人投标报价的合理性和可靠性的重要参考依据。

报价，即投标人的投标报价，是投标人对所投标的（建筑安装工程施工、设备或货物供应、服务）的自主定价。相对于国家定价、标准价而言，它反映的是市场价，体现企业的经营管理和技术装备水平。

根据我国国情和建筑市场现状，在一定时期内，我国工程建设项目招标活动中标底的编制与确定仍是一项重要内容和任务。设置标底，仍不失为一种控制工程造价、防止以不正当手段用过低投标报价抢标或哄抬标价的有效措施。

1.2.8 工程结算和竣工决算及其关系

工程结算是在实行按预算或合同价格结算价款办法的前提下，承包人与发包人清算工程款的一项日常管理工作。按工程施工阶段的不同，工程结算有中间结算和竣工结算之分。

中间结算就是在工程施工过程中，由施工承包人按月度工程统计报表列明的当期已完的工程实物量（一般须经监理工程师和发包单位核定认可)，以经过审批的工程预算书或合同中的相应价格为依据，向发包人办理工程价款结算的一种过渡性结算。它是整个工程竣工后作全面竣工结算的基础。

竣工结算。任何工程，不论其投资来源如何，只要是采取承包方式营建，并实行按预算或合同价结算，施工承包人和发包人都要办理竣工结算，以确定工程的最终造价，并作为项目竣工决算的重要依据。

竣工结算和竣工决算的关系可归纳为以下两点：

（1）竣工结算只反映承建工程项目的最终预算成本，竣工结算确定的工程造价，只是整个工程建设成本一部分；而竣工决算还有工程建设的其他费用的实际支出和分摊。所以，竣工结算是竣工决算的组成部分。

（2）办理竣工结算是编制竣工决算的基础，只有先办竣工结算，才能编制竣工决算。所以，要求竣工结算应该完工一项就结算一项，为编制决算文件创造条件。

竣工结算一般以单项工程或工程合同为对象，如果工程项目规模不大，当具备结算条件并征得建设单位同意时，也可按单位工程办理结算。

竣工决算的目的是要确定工程项目的最终实际成本，按决算范围不同有建筑安装工程竣工决算和建设项目竣工决算之分。水利水电工程建设通常以建设项目为竣工决算对象。

建筑安装工程竣工决算报告由施工承包人编制；建设项目的竣工决算报告由项目法人单位编制。

第2章　水利水电工程造价的费用构成

第1节　水利水电建设项目费用构成

2.1.1　造价总费用的构成

水利水电工程建设项目费用是指工程项目从筹建到竣工验收和交付使用所需要的费用总和，是国家（或项目法人）确定建设项目投资额的依据。

水利水电工程建设项目造价总费用，由建筑工程费、机电设备及安装工程费、金属结构设备及安装工程费、施工临时工程费、独立费用、预备费、建设期融资利息、移民和环境部分等费用构成。各项费用在总概算表中的排列见表2.1。

表2.1　　　　**总　概　算　表**　　　　单位：万元

编号	序号	工程或费用名称	建筑安装工程费	设备购置费	其他费用	合计
1	Ⅰ	枢纽工程（或引水工程、灌溉工程）				
2		第一部分　建筑工程				
3		…				
4		第二部分　机电设备及安装工程				
5		…				
6		第三部分　金属结构设备及安装工程				
7		…				
8		第四部分　施工临时工程				
9		…				

续表

编号	序号	工程或费用名称	建筑安装工程费	设备购置费	其他费用	合计
10		第五部分　独立费用				
11		…				
12		一至五部分合计（2 +4 +6 +8 +10）				
13		预备费（14 +15）				
14		基本预备费				
15		价差预备费				
16		建设期融资利息				
17		静态总投资（12 +14）				
18		总投资（15 +16 +17）				
19	Ⅱ	移民和环境投资				
20		水库移民征地补偿				
21		水土保持工程				
22		环境保护工程				
23		预备费（27 +28）				
24		基本预备费				
25		价差预备费				
26		有关税费				
27		静态总投资（20 +… +24 +26）				
28		总投资（24 +27）				
29	Ⅲ	工程投资总计				
30		静态总投资（17 +27）				
31		总投资（18 +28）				

2.1.2 建筑工程费

水利水电工程建设项目中，建筑工程造价所占的比例最大，是构成项目总费用的主要部分。在工程造价确定中，水利水电建筑工程又分为枢纽工程和引水及河道工程两类。

枢纽工程指水利枢纽建筑物和其他大型建筑物，包括挡水工程、泄洪工程、引水工程、发电厂工程、升压变电站工程、航运工程、鱼道工程、交通工程、房屋建筑工程和其他建筑工程。其中挡水工程等前七项为主体建筑工程。引水工程中的水源工程同此类别。

引水及河道工程指供水、灌溉、河湖整治、堤防修建与加固工程。包括供水、灌溉渠（管）道、河湖整治与堤防工程、建筑物工程、交通工程、房屋建筑工程、供电设施工程和其他建筑工程。

水利水电建筑工程造价一般以工程量乘工程单价确定，总造价按项目划分的分布分项逐级汇总。

建筑工程单价又由直接工程费、间接费、企业利润、税金组成。

2.1.3 机电设备及安装工程费

机电设备及安装工程指构成工程固定资产的全部机电设备及安装工程，分属枢纽工程和引水及河道工程两类。

枢纽工程机电设备及安装工程由发电设备及安装、升压变电设备及安装、公用设备及安装工程构成。

发电设备包括水轮机、发电机、主阀、起重机、水力机械辅助设备、电气设备等。

升压变电设备包括主变压器、高压电气设备、一次拉线设备等。

公用设备包括通信设备，通风采暖设备，机修设备，计算机监控系统，管理自动化系统，全厂接地及保护网，电梯，坝区馈电设备，厂坝区及生活区供水、排水、供热设备，水文、泥沙监测设备，水情自动报警系统设备，外部观测设备，消防设备，交通设备等。

引水及河道工程设备及安装工程由泵站设备及安装、小水电站设备及安装、供变电工程、公用设备及安装工程构成。其分项组成和枢纽工程基本相同。

机电设备及安装工程费用由设备费和安装工程费组成。设备费包括设备原价、设备运杂费、运输保险费和设备采购保管费。

安装工程费和建筑工程一样由直接工程费、间接费、企业利润和税金组成。

2.1.4 金属结构设备及安装工程费

水利工程金属结构设备及安装工程包括闸门、启闭机、拦污栅、升船机设备及安装工程，压力钢管制作及安装工程和其他金属结构设备及安装工程。设备费和安装工程费的组成和机电设备相同。编制造价时同样要按类别选定取费标准。

2.1.5 施工临时工程费用

施工临时工程指在水利水电工程项目的施工准备和建设过程中，为保证主体工程的建设必须修建的生产和生活用临时工程。主要包括导流工程、施工交通工程、施工场外供电工程、施工房屋建筑工程和其他临时工程，这部分临时工程的投资虽不直接构成固定资产（摊销），但也是工程造价的重要组成部分。

临时工程的费用也包括建筑工程费用和设备及安装工程费用，主要部分费用计算方法同永久建筑工程，其他临时工程用指标控制。

2.1.6 独立费用

独立费用指根据国家有关文件规定，既构成建设项目总投资，应在基本建设项目投资中支付，而又不宜列入建筑工程费、安装工程费、设备费及预备费而独立列项的费用。它由建设管理费、生产准备费、科研勘测设计费、建设及施工征地用费和其他五项组成。

（一）建设管理费

1. 项目建设管理费

项目建设管理费指建设单位在工程项目筹资建设和建设期间进行管理工作所需的费用。包括建设单位开办费和建设单位经常费。

（1）建设单位开办费。指新组建的建设单位，为保证工作的顺利进行而必须具备的物质条件。包括所需购置的交通工具、办公及生活设备、检验试验设备和用于开办工作发生的费用。

（2）建设单位经常费。包括建设单位人员经常费和工程管理经常费。

1）建设单位人员经常费。指建设单位从批准组建之日起至完成该工程建设管理任务之日止，需开支的经常费用。主要包括工作人员基本工资、辅助工资、工资附加费、劳动保护费、教育经费、办公费、差旅交通费、会议费、交通车辆使用费、技术图书资料费、固定资产折旧费、零星固定资产购置费、低值易耗品摊销费、工具用具使用费、修理费、水电费、采暖费等。

2）工程管理经常费。指建设单位从筹建到竣工期间所发生的各种管理费用。包括工程建设过程中用于资金筹措、召开董事（股东）会议、视察工程建设所发生的会议和差旅等费用；建设单位为解决工程建设涉及的技术、经济、法律等问题需要进行咨询所发生的费用；建设单位进行项目管理所发生的土地使用税、房产税、合同公证费、审计费、招标业务费等；施工期所需的水情、水文、泥沙、气象监测和报汛费；工程验收费和主管部门主持对工程设计进行审查、安全进行鉴定等费用；在工程建设过程中必须派驻工地的公安、消防部门的补贴费以及其他属于工程管理性质开支的费用。

2. 工程建设监理费

工程建设监理费指在工程建设过程中聘任监理单位对工程的质量、进度、安全和投资进行监理所发生的全部费用。包括监理单位为保证监理工作正常开展而必须购置的交通工具、办公生活设备试验检验设备以及监理人员的基本工资、辅助工资、工资附加费、劳动保护费、教育经费、办公费、差旅交通费、会议费、技术图书资料费、固定资产折旧费、零星固定资产购置费、低值易耗品摊销费、工具用具使用费、修理费、水电费、采暖费等。

3. 联合试运转费

联合试运转费指水利水电工程中的发电机组、水泵等安装完毕，在竣工验收前进行整套设备带负荷联合试运转期间所需的各项费用。主要包括联合试运转期间所消耗的燃料、动力、材料及机械使用费，工具用具购置费，施工单位参加联合试运转人员的工资等。试运转期间的收入（电费）应冲减本项费用。

（二）生产准备费

生产准备费包括生产单位提前进厂费、生产职工培训费、管理用具购置费、备品备件购置费和工器具及生产家具购置费共五项。生产单位提前进厂费、生产人员培训费和管理用具购置费由生产筹建单位包干使用。备品备件购置费和工器具及生产家具购置费在指标范围内开支。

1. 生产单位提前进厂费

生产单位提前进厂费指生产单位在工程完工之前进厂，进行生产筹备工作的管理人员、技术人员和工人所需的各项费用。包括提前进厂人员的基本工资、辅助工资、工资附加费、劳动保护费、教育经费、劳动保险基金、办公费、差旅交通费、会议费、技术图书资料费、零星固定资产购置费、修理费、低值易耗品摊销费、工具用具使用费、水电费、取暖费等以及其他属于生产准备任务应开支的费用。

2. 生产职工培训费

生产职工培训费指工程在竣工验收以前，生产及管理单位为保证生产正常运行，而须对工人、技术人员与管理人员进行培训所发生的费用。包括基本工资、辅助工资、工资附加费、劳动保护费、差旅交通费、实习费等以及其他属职工培训应开支的费用。培训人数按部颁定员标准的50%计算。

3. 管理用具购置费

管理用具购置费指为保证新建项目的正常生产和管理所必须购置的办公和生活用具等费用。费用内容：包括办公室、会议室、资料档案室、阅览室、文娱室、食堂、宿舍、医务室、托儿所、招待所、中小学校、理发室、浴室的家具器具。不包括职工家庭用的家具。

4. 备品备件购置费

备品备件购置费指工程在投产以后的运行初期，由于易损件损耗和可能发生事故，而必须准备的备品备件和专用材料的购置费。不包括设备价格中配备的备品备件。

5. 工器具及生产家具购置费

工器具及生产家具购置费指按设计规定，为保证初期生产正常运行所必须购置的不属于固定资产标准的生产工具、器具、仪表、生产家具等的购置费用。不包括设备价格中已包括的专用工具。

（三）科研勘测设计费

科研勘测设计费包括前期规划统筹费、勘测设计费和科学研究试验费。

1. 前期规划统筹费（水利部水总〔2002〕116号文颁发的新规定已无此项费用）

前期规划统筹费指进行可行性研究所发生的费用在该工程的分摊部分。

可行性研究阶段的工作内容，应根据可行性研究规程确定，主要包括对工程地质、测量、规划、水文、水库、环保、水工、机电、金属结构、施工组织设计、工程投资估算和经济评价等工作达到要求的工作深度。

2. 勘测设计费

勘测设计费指初步设计和施工图设计阶段（含招标设计）发生的勘测费、设计费和为勘测设计服务的科研试验费用。勘测设计的工作内容和范围，按各设计阶段编制规程执行。

工程枢纽范围以外的工程项目所发生的勘测设计费用，如对外交通工程、通信工程、供电工程等，其勘测设计费用应包括在各相应工程项目投资内。

3. 科学研究试验费

科学研究试验费指在工程建设过程中，为解决工程的技术问题，而进行必要的科学研究试验所需的费用。不包括应由科技三项费用（即新产品试验费、中间试验费和重要科学研究补助费）开支的项目和应用勘测设计费开支的费用。

（四）其他

1. 工程保险费

工程保险费指工程建设期间，为使工程在遭受水灾、火灾等自然灾害和意外事故造成损失后能得到经济补偿，而对建设项目的建筑、设备及安装工程保险而发生的保险费用。

2. 其他税费

其他税费指按国家规定应交纳的与工程建设有关的税费。

2.1.7 预备费及建设期融资利息

1. 预备费

预备费包括以下两项内容。

（1）基本预备费。基本预备费主要为工程施工过程中，经上级批准的设计变更和国家政策性变动增加的投资及为解决意外事故而采取的措施所增加的工程项目和费用。

（2）价差预备费。价差预备费主要为工程建设过程中，因材料、设备价格上涨和人工费标准、费用标准调整而导致费用增加的预备费用。

2. 建设期融资利息

根据国家财政、金融政策规定，工程在建设期内需偿还并应计入工程总投资的融资利息。

2.1.8 移民和环境部分

移民和环境部分的费用构成，包括水库移民征地补偿费用、水土保持工程和环境保护工程所需费用，这部分按照设计的方案和工程量，执行水利部颁发的《水利工程建设征地移民补偿投资概（估）算编制规定》、《水利工程环境保护设计概（估）算编制规定》和《水土保持工程概（估）算编制规定》，分别计算后计入工程投资总计。

第2节 建筑安装工程费用组成

建筑安装工程费包括建筑工程费和安装工程费，它由直接工程费、间接费、企业利润和税金四部分组成。内容详见表2.2。

表2.2　　　　建筑安装工程费组成

建筑安装工程费用组成	一、直接工程费	直接费	人工费 材料费 施工机械使用费
		其他直接费	冬雨季施工增加费 夜间施工增加费 特殊地区施工增加费 其他
		现场经费	临时设施费 现场管理费
	二、间接费	企业管理费	管理人员人工费 差旅交通费 办公费 固定资产使用费 工具用具使用费 职工教育经费 劳动保护费 保险费 税金 其他
		财务费用	短期融资利息净支出 汇兑净损失 金融机构手续费 投标保函手续费 其他
		其他费用	定额测定费 施工企业进出场补贴费
	三、企业利润	按国家规定应计入建筑安装工程费中的利润	
	四、税金	营业税、城市维护建设税、教育费附加	

第3章　费用的分类和计算

第1节　直接工程费

直接工程费是指用在建筑安装工程施工过程中直接消耗在工程项目上的活劳动和物化劳动。根据我国现行有关规定，直接工程费分直接费、其他直接费和现场经费三个部分分别计算。

3.1.1　直接费

工程直接费分为三个部分，即人工费、材料费和机械使用费。

1. 人工费

人工费是指列入概预算定额的直接从事建筑安装工程施工的生产工人的基本工资、工资性津贴及属于生产工人开支范围的各项费用。人工费的内容主要是以下各项。

（1）基本工资。由岗位工资、年功工资以及年应工作天数内非作业天数的工资组成。

1）岗位工资，指按照职工所在岗位各项劳动要素测评结果确定的工资。

2）年功工资，指按照职工工作年限确定的工资，随工作年限的增加而增加。

3）生产工人年应工作天数以内非作业天数的工资，包括职工开会学习、培训期间的工资，调动工作、探亲、休假期间的工资，因气候影响停工的工资，女工哺乳时间的工资，病假在6个月以内的工资及产、婚、丧假期的工资等。

（2）辅助工资。指生产工人的基本工资之外，以其他形式支付给职工的工资性收入，主要包括地区津贴、施工津贴、夜班津贴、节日加班津贴等。

（3）工资附加费。指按国家有关规定提取的职工福利基金、工会经费、养老保险费、医疗保险费、工伤保险费、职工失业保险基金和住房公积金等。

2. 材料费

材料费是指用于建筑安装工程项目上的装置性材料、消耗性材料、和周转材料的摊销费。包括定额工作内容规定应计入的未计价材料和计价材料。

建筑安装工程使用的材料，可按其价值的转移不同分为一次性用料和多次性用料两种情况。一次性用料中，通过施工或生产过程后，以原来的物质形态或改变后的物质形态仍保留在完工工程产品实体中的材料，一般叫做主要材料，如混凝土、钢结构、各种零部件；而在施工生产过程中完全被消耗掉，失去其物质形态，不复在工程产品实体中保留的材料，如氧气、电石、水、电、燃料等，叫做辅助材料（或消耗材料）。上述两类材料的价值都是一次性的进入工程直接费中。多次性用料是指在施工生产过程中可供多次周转使用的材料（也称周转材料），如模板、胎具、组装平台等，这些材料的价值是按其周转次数，分次摊入工程直接费中。

3. 施工机械使用费

施工机械使用费是指消耗在建筑安装工程项目上的机械磨损、维修和人工、动力、燃料等费用。一般由以下几项费用组成。

（1）折旧费。指机械设备在规定的使用期限内陆续摊销的费用。

（2）修理及替换设备费。指施工机械使用过程中，为了保持正常功能而进行修理的摊销费；为保障机械正常运转所需的替换设备、随机使用工具、附具摊销和维护的费用，机械运转与日常保养所需的润滑油脂、擦拭材料和机械停滞期间的维护保养费用等。

（3）安装拆卸费。指施工机械进出工地的安装、拆卸、试运转和场内转移及辅助设施的摊销费用。水利水电工程部分大型施工机械的安装拆卸费不在施工机械使用费中计列，包含在其他临时工程费用中。

（4）动力燃料费。指机械在运转施工作业中所耗用的电力、固体燃料（煤、木柴）、液体燃料（汽油、柴油）、水和风力等费用。

（5）机上人工费。指施工机械使用时机上操作人员的人工费用。

（6）养路费及车船使用税。指机动车辆按国家有关规定应交纳的养路费和车船使用税费等。

3.1.2 其他直接费

其他直接费指直接费以外施工过程中发生的其他费用，内容包括以下几项。

1. 冬雨季施工增加费

冬雨季施工增加费指在冬雨季施工期间为保证工程质量和安全生产所需增加的费用。包括增加施工工序，增加防雨、保温、排水等设施，增耗的动力、燃料、材料以及因人工、机械效率降低而增加的费用。按直接费的百分率计算，西南、中南、华东区为0.5%～1.0%。

2. 夜间施工增加费

夜间施工增加费指施工建设场地和公用施工道路的照明费用。按直接费的百分率计算。其中建筑工程为0.5%，安装工程为0.7%。

一班制作业的工程，不计算此项费用。

地下工程照明费已列入定额内，照明线路工程费用包括在“临时设施费”中。施工辅助企业系统、加工厂、车间的照明，列入相应的产品成本中，不包括在本项费用之内。

3. 其他

其他包括施工工具用具使用费、检验试验费、工程定位复测、工程点交、竣工场地清理、工程项目及设备仪表移交生产前的维护观察费。其中，施工工具用具使用费指施工生产所需，但不属于固定资产的生产工具，检验、试验用具等的购置、摊销和维护费。检验试验费指对建筑材料、构件和建筑安装物进行一般鉴定、检查所发生的费用，包括自设试验室所耗用的材料、化学药品费用，以及技术革新和研究试验费，不包括新结构、新材料的试验费和建设单位要求对具有出厂合格证明的材料进行试验、对构件进行破坏性试验，以及其他特殊要求检验试验的费用。上述其他费用，按直接费的百分率计算。其中，建筑工程为0.5%～1%，安装工程为1%～1.5%。

3.1.3 现场经费

现场经费包括临时设施费和现场管理费。

1. 临时设施费

临时设施费指施工企业为进行建筑安装工程施工所必需的但又未被划入施工临时工程的临时建筑物、构筑物和各种临时设施的建设、维修、拆除摊销及施工期环境保护措施等费用。包括供风，供水支线，场内供电，夜间照明，供热系统，通信支线，土石料场，简易砂石料加工系统，小型拌和机浇筑系统，木工、钢筋、机修等辅助加工厂，混凝土预制构件厂，场内施工排水，场地平整、道路养护及其他小型临时设施等。

临时设施费用内容包括临时设施的修建、搭设、维修、拆除费或摊销费用。

2. 现场管理费

（1）现场管理人员的基本工资、辅助工资、工资附加费和劳动保护费等。

（2）办公费。指现场办公用的文具、纸张、账表、印刷、邮电、书报、会议、水、电、烧水和集体取暖（包括现场临时宿舍取暖）用燃料等费用。

（3）差旅交通费。指职工因公出差期间的旅费、住勤补助费、市内交通费和误餐补助费，职工探亲路费，劳动力招募费，职工离退休、退职一次性路费，工伤人员就医路费，工地转移费以及现场职工使用的交通工具运行费、养路费及牌照费。

（4）固定资产使用费。指现场管理使用的属于固定资产的设备、仪器等的折旧、大修理、维修费或租赁费等。

（5）工具用具使用费。指现场使用的不属于固定资产的工具、器具、家具、交通工具和检验、试验、测绘、消防用具等的购置、维修和摊销费。

（6）保险费。指施工管理用财产、车辆保险，高空、井下、洞内、水下、水上作业等特殊工种安全保险等。

（7）其他费用。

3. 现场经费定额

水利部水总〔2002〕116号文规定的现行水利水电工程现场经费费率标准见表3.1。

表3.1　现场经费费率表　（%）

序号	工程类别	计算基础	合计		临时设施费		现场管理费	
			枢纽工程	引水及河道工程	枢纽工程	引水及河道工程	枢纽工程	引水及河道工程
1	建筑工程							
	土石方工程	直接费	9		4		5	
	砂石备料工程（自采）	直接费	2		0.5		1.5	
	土方工程	直接费		4		2		2
	石方工程	直接费		6		2		4
	模板工程	直接费	8	6	4	3	4	3
	混凝土浇筑工程	直接费	8	6	4	3	4	3
	钻孔灌浆及锚固工程	直接费	7	7	3	3	4	4
	疏浚工程	直接费		5		2		3
	其他工程	直接费	7	5	3	2	4	3
2	机电、金属结构设备及安装工程	人工费	45	45	20	20	25	25

2010版的《贵州省水利工程设计概（估）算编制规定》中现场经费费率的类别及计算基础和表3.1相同，费率有所调整。详见本《编制规定》。

4. 工程类别范围划分

按表3.1的工程类别划分，水利水电枢纽工程分为以下几类：

（1）土石方工程：包括土石方开挖、填筑、砌石、抛石工程等。

（2）砂石备料工程：包括天然砂砾料和人工砂石料开采加工。

（3）模板工程：包括现浇各种混凝土时制作及安装的各类模板工程。

（4）混凝土浇筑工程：包括现浇和预制各种混凝土、钢筋制作安装、伸缩缝、止水、防水层、温控措施等。

（5）钻孔灌浆及锚固工程：包括各种类型的钻孔灌浆、防渗墙及锚杆（索）、喷浆（混凝土）工程等。

（6）疏浚工程：指用挖泥船、水力冲挖机组等机械疏浚江河、湖泊的工程。

（7）其他工程：指上述以外的其他工程。

第2节　间　接　费

间接费是指施工企业为了生产建筑安装工程产品而需要消耗的间接费用，是相对于直接工程费而言的。即除了在该工程上直接消耗一定的人力、物力和财力外，也必需耗用一定的人力、物力和财力对施工进行组织与管理，这部分费用与整个工程有关，但又不直接用于建筑安装工程产品生产上，不能直接按比例计入某个具体工程项目成本中，而是采用将发生的费用汇总起来除以直接工程费总额，计算出其占直接工程费的百分率，或除以直接人工费计算出其占人工费的百分率。按现行部颁规定，间接费的计算基础有两种形式，一种是以直接工程费为计算基础，另一种以人工费为计算基础。除机电、金属结构设备安装工程以人工费为计算基础外，其他工程均以直接工程费为计算基础。间接费是建筑安装企业组织施工管理的间接成本，采用以直接工程费为计算基础，不会因定额直接人工的减少而影响间接费收入，有利于企业使用先进技术。间接费一般由企业管理费、财务费和其他费用三部分组成。

3.2.1 企业管理费

企业管理费指施工企业为组织施工生产经营活动所发生的管理费用。主要包括以下内容。

（1）施工企业行政、经济、技术、测量、警卫、炊事、勤杂人员、汽车司机、临时工、临时民工等管理人员的基本工资、辅助工资、工资附加费和劳动保护费。

（2）差旅交通费。指施工企业管理人员因公出差、工作调动的差旅费，住勤补助费，市内交通及误餐补助费，职工探亲路费，因工伤就医路费，劳动力招募费，离退休职工一次性路费，交通工具油料、燃料、牌照、养路费等。

（3）办公费。指施工企业办公用文具、纸张、账表、印刷、邮电、书报、资料、会议、水、电、燃煤（气）、取暖用煤等费用。

（4）固定资产折旧、修理费。指企业属于固定资产的房屋、设备、仪器等折旧、维修费用。

（5）工具用具使用费。指企业管理使用不属于固定资产的工具用具、交通工具、检验、试验、消防等的摊销及维修费用。

（6）职工教育经费。指企业为职工学习先进技术和提高文化水平按职工工资总额计提的费用。

（7）生产工人劳动保护费。指企业按国家有关部门规定标准发放给职工的劳动保护用品的购置费、修理费、保健费、防暑降温费、高空作业及进洞津贴、技术安全措施费以及洗澡用水、饮用水的燃料费等。

（8）保险费。指企业财产保险、管理用车辆等保险费用。

（9）其他。包括技术转让费、设计收费标准中未包括的应由施工企业承担的部分施工辅助工程设计费、投标报价费、工程图纸资料费及工程摄影费、技术开发费、业务招待费、绿化费、公证费、法律顾问费、审计费、咨询费等。

3.2.2 财务费用

财务费用指企业为筹集资金而发生的各项费用，包括企业经营期间发生的短期融资利息净支出、汇兑净损失、金融机构手续费，企业筹集资金发生的其他财务费用，以及投标和承包工程发生的保函手续费等。

3.2.3 其他费用

其他费用是指定额测定费及施工企业进退场补贴费，包括临时工、民工的进、退场费用。

水利部水总〔2002〕116号文规定的现行水利水电工程间接费的取费标准见表3.2。

表3.2　水利水电工程间接费费率表　（%）

序号	工程类别	计算基础	间接费费率	
			枢纽工程	引水及河道工程
1	建筑工程			
	土石方工程	直接工程费	9（8）	
	砂石备料工程（自采）	直接工程费	6	
	土方工程	直接工程费		4
	石方工程	直接工程费		6
	模板工程	直接工程费	6	6
	混凝土浇筑工程	直接工程费	5	4
	钻孔灌浆及锚固工程	直接工程费	7	7
	疏浚工程	直接工程费		5
	其他工程	直接工程费	7	5
2	机电、金属结构设备及安装工程	人工费	50	50

表中工程类别范围划分同现场经费的工程类别范围划分相同。引水工程及河道工程若自采砂石料，其间接费费率同枢纽工程。

贵州省水利厅、贵州省发展和改革委员会发布的2010版《贵州省水利工程设计概（估）算编制规定》中贵州省水利水电工程间接费费率与上述费率略有不同详见该《编制规定》。

3.2.4 间接费的计算方法

我国的设备安装工程的间接费是以安装工程人工费作为基础，在定额中规定间接费率进行计算的。建筑工程间接费一般以直接费或直接工程费作为基础，也有以人工费或人工费加机械使用费作为计算基础的。

水利水电工程相比较一般的民用建筑来说是比较复杂的，包含的工程类别较多，不宜采用统一的间接费率，应该根据不同的工程类别，采用相应的费率。同时，不同的专业，间接费率及其取用方法差别比较大，计算时应根据具体情况选用。对于水利水电工程项目中有关铁路、公路、桥梁、房屋建筑等专业工程，应参照有关专业定额计算。

第3节 企业利润和税金

3.3.1 企业利润

企业利润是指按有关规定应计入建筑安装工程费用中的利润，是规定企业应取得的、以货币表现的企业纯收入。它是企业产品的销售收入扣除成本和税金以后的余额。

在水利水电建设中，按水利部现行规定不分建筑工程和安装工程，均按直接工程费与间接费之和的7%计算。民工施工的土石方工程不计算此项费用。

3.3.2 税金

税金是指国家利用其职能强制地向企业征收的各种税收的货币表现。税收是国家参与企业利润分配的一种手段，取之于民、用之于民，它是国家调节国民收入分配和再分配，促进经济发展的重要经济杠杆。目前，建筑企业向国家缴纳的税金大致分两类：第一类是计入建筑安装工程造价（产品价格）的税金，包括营业税、城市维护建设税、教育费附加，这类税属价内税，实际担负者是建设单位。价内税可以通过税率的变动，直接对不同产品的生产和流通起到一定调节作用。第二类是不计入建筑安装工程造价（产品价格）的税金，以企业纯收入额和财产为征税对象，它们由建筑企业自行负担，属价外税。价外税可以直接对产品的消费和生产经营者的收入水平起一定的调节作用。工程单价中包含的税金为价内税，其中几项税金说明如下。

（1）营业税，是我国现行对建筑安装企业和各种服务性行业的营业收入征收的一种税。其范围包括商业、交通、运输、金融保险、建筑安装、邮政电信、公用事业、出版业、娱乐业和各种服务业。建筑安装的“营业收入额”是指承包建筑安装工程和修缮业务的全部收入，税率为营业收入额的3%。

（2）城市维护建设税，是按产品税、增值税、营业税实交税额的一定比例计算征收，专用于城市维护和建设的一种税。凡缴纳产品税、增值税、营业税的单位和个人都是城市维护建设税的纳税人，税率按纳税人所在地是在市区、县城和镇、乡村的不同，分别规定为营业税的7%、5%、1%。以上述三税税额为计税依据，分别与三税同时缴纳，由地方人民政府安排，用于城市的公用事业和公共设施的维护建设，具有地方附加税性质。

（3）教育费附加，是税金的组成部分，根据国务院关于修改《征收教育附加的暂行规定》，从1990年8月起教育附加率调整为营业税的2%，在计算方法上按占营业税的百分比提取，亦称税上税。

国家对施工企业承担建筑安装工程作业收入所征收的营业税、城市维护建设税和教育费附加，应分别根据国务院发布的《中华人民共和国营业税暂行条例》、《中华人民共和国城市维护建设税暂行条例》、《征收教育费附加的暂行规定》等文件规定的征用范围和税率计算。

为计算方便，在编制水利水电工程概算、预算投资时，可按下列公式和费率计算：

税金 =（直接工程费 + 间接费 + 计划利润）× 费率

式中，费率选取如下所示：建设项目在市区的，取3.41%；建设项目在县城镇的，取3.35%；建设项目在市区或县城镇以外的，取3.22%。

费率中已扣除不交纳税金的建筑安装工作量。

第4节 设 备 费

设备费包括设备原价、运杂费、运输保险费、采购及保管费。

3.4.1 设备原价

（1）国产设备，以出厂价为原价，凡由国家各部委统一定价的定型产品，采用正式颁发的现行出厂价格；非定型和非标准产品，采用与厂家签订的合同价。

（2）进口设备，以到岸价和进口征收的税收、手续费、商检费、港口费之和为原价，到岸价采用与厂家签订的合同价计算，税金和手续费等按规定计算。

（3）大型机组分块运到工地的拼装费用，应包括在设备价格内。

（4）可行性研究和初步设计阶段，非定型和非标准产品一般不可能与厂家签订价格合同，设计单位可按向厂家索取的报价资料和当时的价格水平，经认真分析论证后，确定设备价格。

（5）在工地由施工单位自行加工的金属结构，如闸门、拦污栅、容器、压力钢管等，可采用有关定额计算，其价格一般应低于外购价格。

3.4.2 运杂费

运杂费指所需设备从厂家运至安装现场路上所发生的一切费

用，主要包括调车费、装卸费、包装绑扎费、变压器充氮费，以及其他可能发生的杂费。设备运杂费在编制工程概（估）算时，分主要设备和其他设备，按占设备原价的百分率进行计算。

（1）主要设备运杂费率按表3.3计取。

设备由铁路直达或铁路、公路联运时，分别按里程求得费率后叠加计算；如果由公路直达，应按公路里程计算费率后，再加公路直达基本费率。特大（重）件运输的道路桥涵加固措施费没有包括在内，应另行计取。

表3.3 主要设备运杂费率表

设备分类	铁路		公路		公路直达基本费率（%）
	基本运距 1000km	每增运 500km	基本运距 50km	每增运 10km	
水轮发电机组	2.21	0.40	1.06	0.10	1.01
主阀、桥机	2.99	0.70	1.85	0.18	1.33
主变压器					
120000kVA 及以上	3.50	0.56	2.80	0.25	1.20
120000kVA 以下	2.97	0.56	0.92	0.10	1.20

（2）其他设备运杂费率按表3.4计取。

工程地点距铁路线近者费率取小值，远者取大值。新疆、西藏除外，可视具体情况另行计算。

表3.4 其他设备运杂费率表 （%）

类别	适用地区	费率
Ⅰ	北京、天津、上海、江苏、浙江、江西、山东、安徽、湖北、湖南、河南、广东、山西、河北、陕西、辽宁、吉林、黑龙江等省、直辖市	4～6
Ⅱ	甘肃、云南、贵州、广西、四川、福建、海南、宁夏、内蒙古、青海等省、自治区	6～8

（3）上述运杂费率适用于计算国产设备运杂费。进口设备

的国内段运杂费应按上述国产设备运杂费率乘以相应国产设备原价水平占进口设备原价的比例系数，调整为进口设备国内段运杂综合费率。

3.4.3 运输保险费

国产设备的运输保险费可按工程所在省、自治区、直辖市的规定计算。进口设备的运输保险费按有关规定计算。

3.4.4 采购及保管费

采购及保管费指建设单位和施工企业在设备的采购、保管过程中所发生的各项费用，主要包括以下几项。

（1）采购保管部门工作人员的基本工资、辅助工资、工资附加费、劳动保护费、教育经费、办公费、差旅交通费、工具用具使用费等。

（2）仓库转运站等设施的检修费，固定资产折旧费，技术安全措施费和设备的检验、试验费等。

采购及保管费按设备原价、运杂费之和的0.7%进行计算。

3.4.5 进口设备购置费的构成

进口设备是指通过国际贸易和经济合作等途径，从国外购买成套设备和相应的工程设计，获得该设备生产产品需要的技术，或购买专有工艺及设备。

1. 进口设备常用采购方法

（1）买主自己采购。采用这种方法可避免中间过程，节省开支，但采购工作量大，需要自己承担各部分设备器材之间复杂繁琐的技术衔接工作。由于我国缺乏必要的条件，所以一般很少采用这种方法。

（2）承包商以开口价代购。进口设备的采购技术衔接、技术保证由国外承包商负责，但重要决策要经买方同意。这种作法买方仍需负担很多事务工作。目前在西方国家比较流行的是由咨询工程公司承包，也就是说进口时要向咨询工程公司咨询，利用咨询工程公司掌握的各国设备和技术、行业情况以及技术专业知识，与有关进口方共同研究工程规划，选择最合适的生产技术和购买先进而经济的设备（往往以招标方式来采购）。

当前，我国的外贸体制正在进行改革，“自负盈亏、放开经营，工贸合作，推行代理制”是新型的改革方针。所谓代理制，是由代表人接受国内买主委托，在国外市场上选购商品并处理商品的包装、运输、保险及进口报关等事项，由买主付给一定数额的佣金的制度。进口代理商一般是由外贸公司或经办进口业务的有关银行担任。推行进口代理制不仅可以为国内买主节省费用，而且在一定程度上可以避免重复引进。随着外贸体制改革的深化，进口代理制可望成为我国进口设备的重要方式。

（3）承包商以固定价转售。这是国外承包商在各家供应商报价的基础上加上估计的开支、风险、意外等费用和利润，定出固定总价，把设备转手卖给买主。进口设备的各种技术保证亦由承包商负责。承包商可以是出口国相应的生产厂，这样可以使进口设备工艺先进；承包商也可以是出口国的设备制造厂，这样可以保证进口设备质量较好（特别是机电设备的成套进口）。

承包商以固定价转售是目前我国进口成套设备普遍采用的一种方式。采用这种方式，进口方风险小，省事。当然，成交价格也就较高，并且签约后进口方的发言权很小，一切都由承包商在协议的范围内负责办理。这样，承包商往往选择自己的技术，并尽可能利用所属部门或所在集团的设备。因而，对进口方来说，技术不一定合适，经济上也不一定合算。

2. 进口设备的交货方式

进口设备的交货方式可分为内陆交货类、目的地交货类和装运港交货类三种。

（1）内陆交货是指卖方在出口国家内陆的某个地点完成交货任务，买方按时接受货物，交付货款，负担接货后的一切费用并承担风险，并且自行办理出口手续和装运出口。

（2）目的地交货是指买方要在进口国家的港口或内地交货，

包括目的港船上交货价、目的港船边交货价（F. O. S）和目的港码头交货价（关税已付）及完税后交货价（进口国目的地的指定地点）。

（3）装运港交货类是指卖方在出口国装运港完成交货任务。主要有装运港船上交货价（F. O. B）、运费在内价（C&F）和运费、保险费在内价（C. I. F）。装运港船上交货价（F. O. B）是我国目前进口设备采用最多的一种货价。

3. 进口设备抵岸价的构成

我国进口设备采用最多的是装运港船上交货价（F. O. B），其抵岸价构成可概括为：

进口设备价格 = 货价 + 国外运输费 + 运输保险费 + 银行财务费 + 外贸手续费 + 关税 + 增值税

3.4.6 交通工具购置费

交通工具购置费指工程竣工以后，为保证建设项目初期正常生产管理所必需配备的生产、生活、消防车辆和船只的购置费用。

计算方法：按规定的设备数量和国产设备出厂价格加购置附加费、运杂费计算。

第5节 施工临时工程

3.5.1 临时工程的内容

临时工程泛指为修建水利水电建设项目而必须同时修建的临时性工程，不论这些工程结构如何，均视为临时工程。其内容包括：导流工程、施工交通工程、施工供电工程、施工房屋建筑工程和其他施工临时工程。

（1）导流工程。包括导流洞、导流明渠、施工围堰和截流工程。

（2）施工交通工程。包括为工程建设服务的临时公路、铁路、桥涵、码头，施工支洞、转运站工程，施工期间的施工通航、过木设施和以水运为主的航道整治工程。

（3）施工场外供电工程。包括35kV及以上电压等级的输变电工程、引水及河道工程、10kV供电线路工程及场外变配电设施。

（4）施工房屋建筑工程。包括为工程建设服务的施工仓库、办公和生活及文化福利建筑以及所需的配套设施。

施工仓库指为工程建设而兴建的设备、材料、工器具等全部仓库建筑工程。

生活及文化福利建筑指为工程建设的施工人员、建设管理（包括监理）人员、设计代表的办公室、宿舍、住宅，以及在施工现场的托儿所、学校、食堂、浴室、俱乐部、招待所、公安、银行、邮电、粮食、商业网点等一切生活及文化福利设施。

（5）其他施工临时工程。指除施工导流、施工交通、施工供电、施工房屋建筑、缆机平台以外的施工临时工程。主要包括砂石加工系统工程，混凝土拌和浇筑系统，混凝土制冷系统，施工供水工程（大型泵房及干管），大型机械安装拆卸、防汛、防冰、施工排水、施工通信、施工临时支护设施（含隧洞钢支撑）等工程。

3.5.2 临时工程费用的计算

1. 导流工程

导流工程同主体建筑工程编制方法，根据设计要求，采用设计工程量乘单价计算。

2. 交通工程

交通工程投资按设计工程量乘单价进行计算，也可根据工程所在地区造价指标或有关实际资料，采用扩大单位指标编制。

3. 房屋建筑工程

（1）施工仓库。编制概算时，施工仓库的面积由施工组织设计确定，单位造价指标可根据生活及文化福利设施单位造价指标相应水平确定。

（2）办公、生活及文化福利建筑。

1）枢纽工程和大型引水工程按下式计算：

$$I = \frac{A \times U \times P}{N \times L} \times K_1 \times K_2 \times K_3 \tag{3-1}$$

式中 I——生活及文化福利建筑投资，元；

A——建筑安装工作量，元，按概算建筑安装工作量（不包括临时办公、生活及文化福利建筑及其他大型临时工程）之和×（1+其他施工临时工程百分率）计算；

U——人均建筑面积综合指标，按 12~15m^2/人标准计算；施工年限在 5 年以上的工程，取中值或大值，施工年限在 5 年以下的工程取小值；

P——单位造价指标，按工程所在地区规定的该地区永久房屋造价指标（元/m^2）计算；

N——施工年限，按施工组织设计确定的合理工期计算；

L——全员劳动生产率，元/人·年，现行一般不低于 60000~100000 元/(人·年)，施工机械化程度高的取大值，反之取小值；

K_1——施工高峰人数调整系数，取 1.1；

K_2——室外工程系数，取 1.1~1.5；地形条件较差的可取大值（大量的开挖和回填土建工程应包括在其他临时工程费用指标内）；

K_3——单位造价指标调整系数，按不同施工年限分别采用表 3.5 所示系数。

表 3.5　单位造价指标调整系数对应表

工　期	调整系数	工　期	调整系数
2 年以内	0.25	5~8 年	0.70
2~3 年	0.40	8~11 年	0.80
3~5 年	0.55		

2）河湖整治、灌溉工程、堤防工程、改扩建与加固工程按

第一至第四部分建筑安装工程量的百分率计算。合理工期不大于3年取1.5%～2%，大于3年取1%～1.5%。

4. 施工场外供电工程

施工场外供电工程依据设计的电压等级、线路架设长度要求，采用专业概算定额或工程所在地区造价指标及有关实际资料单独列项计算，也可根据经过主管部门批准的有关施工协议（合同）列入概算。

5. 其他施工临时工程

其他施工临时工程投资应区别不同工程类型，按工程项目划分第一至第四部分建筑安装工作量（不含其他施工临时工程）之和的百分率计算。

部颁规定的指标为：枢纽工程和引水工程3%～4%；河道工程0.5%～1%。

贵州省发布的规定的指标有以下几项。

（1）水利水电枢纽工程。

土石坝　　　　　　　　　2%～3%

混凝土坝工程　　　　　　3%～4%

（2）日供水1万t以上的调水工程　2%。

（3）单向掘进超过1400 m以上的隧洞工程　2%～3%。

（4）河道治理工程，渠系及配套改造工程，病、险水库处理工程不列此项费用。

6. 生活及文化福利建筑投资计算举例

已知某工程的有关数据如下，试计算其生活及文化福利建筑投资。

计算公式：
$$I = \frac{A \times U \times P}{N \times L} \times K_1 \times K_2 \times K_3 \quad (3-2)$$

式中　I——生活及文化福利建筑投资；

U——建筑面积综合指标，12 m^2/人；

P——单位造价指标，480 元/m^2；

N——施工年限，6 年；

L——全员劳动生产率，60000 元/(人·年)；

K_1——施工高峰人数调整人数，1.10；

K_2——室外工程系数，1.10；

K_3——单位造价指标调整系数，0.70；

其他施工临时工程指标，按3%计算；

则：建筑安装工程量 A = 13946 万元 ×（1 + 3%） = 14364 万元。

生活及文化福利建筑投资 $I = \frac{14364 \times 12 \times 480}{6 \times 60000} \times 1.1 \times 1.1 \times 0.7 = 195$ 万元。

第6节 独立费用

3.6.1 建设管理费

建设管理费包括建设单位开办费、建设单位经常费、工程监理费、项目建设管理费、建设及施工场地征用费和联合试运转费。

（一）项目建设管理费

1. 建设单位开办费

中央项目和中央参与投资的地方大型水利工程项目具体开办费费用标准按水利部水总〔2002〕116 号文规定执行。

黔水建〔1999〕110 号文规定贵州省水利水电工程开办费按定员人数计算，每人 1 万 ~2 万元，改（扩）建加固工程、渠道建筑物工程取下限。以 1999 年为基准年，超过年份调整，可按下列公式计算：

$$\text{开办费} = 1999\text{年费用标准} \times (1 + \text{物价指数})^N \quad (3-3)$$

式中 N——编制年份与 1999 年的差值；

物价指数——计算价差预备费的年物价指数。

2. 建设单位经常费

（1）建设单位人员经常费。应根据建设单位定员、费用指标和经常费用计算期进行计算。其计算公式如下所示：

$$建设单位人员经常费 = 费用指标 \times 定员人数 \times 经常费用计算期(年) \quad (3-4)$$

式中　定员人数——取表3.6中的定员指标，工程条件复杂者取大值，反之取小值；

表3.6　　水利水电工程建设单位定员表　　单位：人

工程类别及规模			定员人数
综合利用的水利枢纽工程	大（1）型	总库容>10亿 m^3	70～140
	大（2）型	总库容1亿～10亿 m^3	40～70
	中型	总库容0.1亿～1亿 m^3	20～50（贵州）
	小（1）型	总库容0.01亿～0.1亿 m^3	10～20（贵州）
大型引水工程	线路总长>300km		84～140
	线路总长100～300km		56～84
	线路总长≤100km		28～56
大型灌溉或排涝工程	灌溉或排涝面积>150万亩		56～84
	灌溉或排涝面积50万～150万亩		28～56
	灌溉或排涝面积5万～50万亩		20～40（贵州）
大江大河整治及堤防加固工程	河道或堤防长度>300km		42～56
	河道或堤防长度100～300km		28～42
	河道或堤防长度≤100km		14～28
枢纽扩建及加固工程	大型	总库容>1亿 m^3	21～35
	中型	总库容0.1亿～1亿 m^3	14～21
以发电为主的枢纽工程装机容量	200万kW以上		90～120
	150万～200万kW		70～90
	100万～150万kW		55～70
	50万～100万kW		40～55
	30万～50万kW		30～40
	30万kW		20～30

费用指标——按照水利部或各地规定的费用指标项目，根据该工程所在地区和编制年的工资标准、工资性津贴标准以及费用标准，调整编制该工程的人年费用标准，作为计算建设单位人员经常费的依据；

经常费用计算期——根据施工组织设计确定的施工总进度，建设单位人员从工程筹建之日起，至工程竣工之日加3~6个月止，为经常费用计算期。其中，大型水利枢纽、大型引水工程、灌溉或排涝大于150万亩工程等的筹建期1~2年，其他工程0.5~1年。

（2）工程管理经常费。枢纽工程及引水工程一般按建设单位开办费和建设单位人员经常费之和的35%~40%计取。改（扩）建与加固工程、堤防计疏浚工程按20%计取。

（二）工程建设监理费

按照国家及省、自治区、直辖市计划（物价）部门有关规定计取。

（三）联合试运转费

水利部规定的费用指标见表3.7。

表3.7　　联合试运转费用指标表

类别	项　目	指　标										
水电站工程	单机容量（万kW）	≤1	≤2	≤3	≤4	≤5	≤6	≤10	≤20	≤30	≤40	>40
	费用（万元/台）	3	4	5	6	7	8	9	11	12	16	22
电力泵站工程（元/kW）		25~30										

3.6.2　生产准备费

1. 生产及管理单位提前进场费

枢纽工程按第一至第四部分建筑安装工作量的0.2%~0.4%计算。引水和灌溉工程视工程规模参照枢纽工程计算，改（扩）建与加固工程、堤防及疏浚工程原则上不计此项费用。

2. 生产职工培训费

枢纽工程按第一至第四部分建筑安装工作量的0.3% ~0.5%计算。引水和灌溉工程视工程规模参照枢纽工程计算，改（扩）建与加固工程、堤防及疏浚工程原则上不计此项费用。

3. 管理用具购置费

枢纽工程按第一至第四部分建筑安装工作量的0.02% ~0.08%计算。引水工程及河道工程按建筑安装工作量的0.02% ~0.03%计算。

4. 备品备件购置费

备品备件购置费按占设备费的0.4% ~0.6%计算。大(1)型工程取下限，其他工程取中、上限。值得注意的是：①设备费应包括机电设备、金属结构设备以及运杂费等全部设备费；②电站、泵站同容量、同型号机组超过一台时，只计入一台的设备费。

5. 工器具及生产家具购置费

工器具及生产家具购置费按占设备费的0.08% ~0.2%计算。枢纽工程取下限，其他工程取中、上限。

贵州省标准：大(2)型工程0.10%；中型及小(1)型工程0.12% ~0.20%；水闸、泵站等单项建筑物工程0.12%。

3.6.3 科研勘测设计费

1. 科学研究试验费

河道治理和大型灌溉工程的科学研究试验费按建筑安装工作量的0.2%进行计算，枢纽及引水工程按建筑安装工作量的0.5%进行计算。

2. 规划统筹费

规划统筹费按勘测设计费的10%计算。

3. 工程勘测设计费

工程勘测设计费按照国家计委、建设部计价格〔2002〕10号文件规定执行。

3.6.4 其他

1. 工程保险费

内资部分按第一至第四部分合计的4.5‰~5.0‰计算，外资投资项目为全部外资部分的5‰~12‰。

2. 其他税费

按国家的有关规定计取。

第7节 预备费及建设期融资利息

3.7.1 基本预备费

计算方法：根据工程规模、施工年限和地质条件等不同情况，按工程概（估）算第一至第五部分投资合计数的百分率计算。可行性研究阶段的投资估算为10%；初步设计概算为5%~8%；地下工程基础工程单独列项时取大值，其他取小值。

3.7.2 价差预备费

计算时，根据施工年限，不分设计阶段，以分年度的静态投资为计算基数，按国家规定的物价指数计算。计算公式为：

$$E = \sum_{n=1}^{N} F_n[(1+P)^n - 1] \tag{3-5}$$

式中 E——价差预备费；

N——合理建设工期；

n——施工年限；

F_n——在建设期第 n 年的分年投资；

P——年物价指数。水利部1998年规定取6%，但要根据编制年由国家计委根据物价变动趋势，适时调整和发布的年物价指数进行调整。

3.7.3 建设期融资利息

根据合理的建设工期，工程概（预）算第一至第五部分分年投资、基本预备费、价差预备费之和，按国家规定的贷款利率复利计算。计算公式如下所示：

$$S = \sum_{n=1}^{N} \left[\left(\sum_{m=1}^{n} F_m b_m - \frac{1}{2} F_n b_n \right) + \sum_{m=0}^{n-1} S_m \right] i \tag{3-6}$$

式中 S——建设期融资利息；

N——合理建设工期；

n——施工年限；

m——还息年度；

F_n、F_m——在建设期内的第 n、第 m 年的分年投资；

b_n、b_m——各施工年份还息贷款占当年投资比例；

i——建设期融资利率；

S_m——第 m 年的付息额度。

第 8 节 建筑工程费用定额

本节所述建筑工程是指区别于水利水电工程的工业与民用建筑工程，费用是指除直接费以外的其他取费，包括其他直接费、现场经费、间接费等。取费定额是指由各级建设行政主管部门制定的费用标准。因在水利水电工程的部分单项工程（如办公楼、宿舍等）造价确定中经常用到，故予以单节介绍。

3.8.1 建筑工程费用定额的概念

费用定额是指以单位工程为对象，以百分比的费率为表现形式的一类货币消费定额，是计算工程造价的凭证。费用定额不是按概算、预算定额计取的各项费用所规定的计算基数和费率。

按费用定额计算的费用占建筑安装工程总造价的比例，叫做综合费率，一般为 30% 左右。费用定额中，绝大部分为非生产性开支。因此，费用定额水平越高，非生产性开支则越大。

费用定额是依据建筑工程费用项目进行编制的。目前国家尚未制定全国统一的费用定额。各省、市、自治区根据建设部关于建筑安装工程费用项目划分的规定，结合本地区建筑安装工程费用的实际情况，负责编制各地区适用的费用定额。各地区对建筑安装工程费用项目划分、计算基数和费率的规定都稍有不同。

为了贯彻落实建设部建标〔1993〕894号文《关于调整建筑安装工程费用项目组成的若干规定》的通知和财政部1993年先后颁发的《企业财务通则》、《企业会计准则》和《施工、房地产开发企业财务制度》（以下简称两则一制），各省、市、自治区对本地区的费用定额进行了相应的调整。

费用定额是编制工程建设概算、预算，拨付工程价款，进行竣工结算，编制标底，确定工程造价，签订施工承包合同的依据，也是编制工程建设投资估算指标的基础。

由于各地施工管理的方式和地域条件的不同，各地建筑工程取费标准、水平都也不相同，但取费内容和项目却大致相同。

3.8.2 费用定额的适用范围

费用定额适用于工业与民用建筑工程中的土建工程、装饰工程、安装及筑炉工程、市政工程、仿古及园林工程、土石方工程、承包定额用工和维修工程以及签证记工、零星借工等项。

1. 土建工程

土建工程指用于工业与民用建筑的新建、扩建、改建工程，包括临时性和永久性的房屋建筑、构筑物；厚度在300mm以内的找平挖填土石方工程；一个单位工程平整场地后的土石方挖方总量在5000m^3以内的土石方工程；桩基工程；金属结构（如金属柱、梁、屋架、檩条、拉撑杆、楼梯平台、栏杆、间壁、门窗及开关、支架、挡风板等）的制作、安装工程；钢门窗制作安装工程；各种构筑物的附属梯子、平台、栏杆等金属结构的制作、安装等。

2. 装饰工程

装饰工程指用于工业与民用建筑的新建、扩建、改建工程的一次和二次装饰工程。

3. 安装及筑炉工程

安装及筑炉工程指用于工业与民用建筑的热力设备、化学工业设备、机械设备、电气设备、工艺管道、给排水、采暖、煤气、通风空调、自动化控制装置及仪表、工艺金属结构、刷油、绝热、防腐蚀和各种工业炉窑以及蒸发量在75t/h以内的重型结构炉墙的锅炉砌筑工程。

4. 市政工程

（1）隧道工程：指用于城镇新建、扩建、改建的各种人行、车行隧道，给、排水隧道及电缆隧道等工程。

（2）道路、桥涵、堤坊、排水工程：指用于城镇市政建设的新建、扩建、改建工程，包括各种拆除工程，按定额计算的便桥、便道工程，厚度在300mm以内的路基挖、填土石方和场、站的平整工程，基础工程，砌筑工程，混凝土及钢筋混凝土工程，按定额计算的运输工程，附属构筑物的砌筑工程，桥涵（包括立交桥、人行天桥）的砖、石、混凝土栏杆，灯柱的制作、安装和装饰工程。

（3）给水、燃气管道安装工程：指用于市政工程中给水、燃气管道等安装工程。

5. 仿古及园林工程

仿古及园林工程指用于新建或扩建的仿古园林工程，以及其他建筑物、构筑物的仿古部分。

6. 土石方工程

土石方工程指用于竖向布置的场地平整、机场、堤坝、沟渠、水池、人工河、人工湖、运动场、油库、路基，给水、排水、燃气管道的管沟的土石方工程（以上均不论土石方的数量多少）等以及一个单位土建工程平整场地后挖方量在5000m^3以上的土石方工程。

7. 承包定额用工和维修工程

承包定额用工和维修工程指用于施工企业承包定额用工（即不包括材料消耗定额的工程）和维修工程。

8. 签证记工、零星借工

签证记工是指施工企业承包的工程范围内，少量无法套用定额须经建设单位签证的用工。零星借工是指建设单位向施工单位借用工人，由建设单位负责管理的零星用工。

3.8.3 费用的调整

社会主义市场经济日益发展的今天，为了适应改革开放的潮流，促进企业内部经济体制的转换，进一步对外开发和参与国际市场竞争，参照新的财务制度和国际惯例，财政部于1993年先后颁发了《企业财务通则》、《企业会计准则》和《施工、房地产开发企业财务制度》。建设部建标〔1993〕894号《关于调整建筑安装工程费用项目组成的若干规定》对〔1989〕建标字248号《建筑安装工程费用项目划分》做了重要调整。调整的主要内容包括：

（1）为了确切地反映建筑安装工程费用的性质及内容，将凡属生产工人开支范围的费用项目统归人工费之内；将原间接费中的施工管理费，按项目法施工的要求，分解为现场管理费和企业管理费两部分，现场管理费与临时设施费合并为现场经费，列入直接费；企业管理费、财务费和其他费用合并为间接费。

（2）其他直接费、现场经费、间接费的费用内容、开支水平因工程规模、技术难易、施工场地、工期长短及企业资质等级条件不同而变化，逐步由企业根据工程情况自行确定报价。目前，各地区、各部门依据不同工程类别，可分别制定具有上、下限幅度的指导性费率，以供确定建设项目投资、编制招标工程标底和投标报价参考。

（3）原规定属其他直接费特殊地区施工增加费，铁路、公路、市政道路施工行车干扰费，送电工程干扰通讯施工保护措施费，井巷工程辅助费等仍由各有关地区和部门依工程和地区情况列入其他直接费项目之下。

（4）计划利润按建设部、国家体改委、国务院经贸办建法〔1993〕133号《关于发布全民所有制建筑安装企业转换经营机制实施办法的通知》中，有关“对工程项目的不同投资来源或工程类别，实行在计划利润基础上的差别利润率”的规定，建筑安装工程的计划利润率可按不同投资来源或工程类别分别制定差别利润率。

3.8.4 其他说明

（1）施工图预算包干费。凡实行施工图预算包干的工程，在编制预算时，建设工程、机械施工土石方工程、市政工程的隧道、道路、桥涵、堤坊、排水工程、筑炉工程、仿古及园林工程按定额直接费的1.5%；装饰工程、通用设备安装、市政工程的给水、燃气管道安装工程按人工费的15%，增列包干系数，由施工单位包干使用。

（2）材料价差。建筑工程、市政工程的隧道、道路、桥涵、堤防、排水工程、仿古及园林工程中除各地单调材料（含进口材料）以外的其他材料按现行综合系数调整后的预算价与实标价的价差。

装饰工程，通用设备安装，市政工程中的给水、燃气管道安装工程中的计价材料的价格以及由省造价总站颁发的计价材料费调整后的预算价与实际价的价差。

（3）材料代用。材料代用不包括建筑材料中的钢材及各种未计价材料的代用。

（4）临时停水、停电费用。临时停水、停电费用指因临时停水、停电而造成的一天以内的施工现场的停工费。但停水、停电每月不得超过三次，如超过三次的费用，由双方签证另行结算。

（5）材料的理论重量和实际重量的差。以上包干范围和内容如有扩大或缩小时，由建设单位和施工单位协商另行确定包干系数，并在承包合同中注明。

（6）施工单位进入现场后，如因设计变更或由于建设单位的责任造成的停工、窝工费用，由施工单位提出具体资料，经建设单位审查同意后，由建设单位负担。

内容包括：现场机械停置费，按停置台班费的60%计算（包括机械部门的管理费）；生产工人停工、窝工工资按相应定额人工费标准计算，各项费用按停工、窝工工资的50%计算。施工现场如有调剂工程，经建设、施工单位协商可以安排时，停工、窝工费用可以不收或少收。

（7）有影响健康的改建、扩建工程中进行施工。在有影响健康的改建、扩建工程中进行施工时，建设单位职工享有特种保健者，施工单位进入现场的职工也应同样享受特种保健津贴，其保健津贴费用按实向建设单位结算。

第4章　水利水电工程基础单价

水利水电工程造价编制的基础单价可以分为两大类，即工程单价和基础单价。工程单价是指编制建筑工程费用和安装工程费用的原始凭证，基础单价是指编制工程单价的原始凭证中的一种凭证。

第1节　人工预算单价

人工预算单价，是在编制工程造价时计算各种生产工人人工费时所采用的人工费单价，是计算建筑安装工程单价和施工机械使用费中人工费的基础单价。

人工预算单价包括基本工资、辅助工资及工资附加费三个部分。

人工预算单价计算应根据国家有关规定，按水利水电施工企业工人工资标准和工程所在地工资类区别等进行计算。原电力部在1997年、水利部在2002年均制定了新的人工预算单价计算办法。

4.1.1　人工预算单价内容

根据水利部水总〔2002〕116号文颁布的有关规定，水利工程现行人工预算单价(元/工日）包括以下11项内容，以六类工资为例，其计算方法如下所示。

1. 基本工资

基本工资(元/工日）= 基本工资标准(元/月）× 地区工资系数 ×12(月）÷251d ×1.068。

2. 辅助工资

（1）地区津贴 = 津贴标准(元/月）×12(月）÷251d ×1.068。

（2）施工津贴 = 津贴标准（元/d）× 365d × 95% ÷ 251d × 1.068。

（3）夜餐津贴 =（中班津贴标准 + 夜班标准津贴）÷ 2 × [20%（引水及河道）~30%（枢纽）]。

（4）节日加班津贴 = 基本工资（元/工日）× 3 × 10d ÷ 251d × 35%。

3. 工资附加费

（1）职工福利基金 = [基本工资（元/工日）+ 辅助工资（元/工日）] × 费率标准（%）。

（2）工会经费（元/工日）= [基本工资（元/工日）+ 辅助工资（元/工日）] × 费率标准（%）。

（3）养老保险费（元/工日）= [基本工资（元/工日）+ 辅助工资（元/工日）] × 费率标准（%）。

（4）医疗保险费（元/工日）= [基本工资（元/工日）+ 辅助工资（元/工日）] × 费率标准（%）。

（5）工伤保险基费 = [基本工资（元/工日）+ 辅助工资（元/工日）] × 费率标准（%）。

（6）职工失业保险基金（元/工日）= [基本工资（元/工日）+ 辅助工资（元/工日）] × 费率标准（%）。

（7）住房公积金（元/工日）= [基本工资（元/工日）+ 辅助工资（元/工日）] × 费率标准（%）。

4. 人工工日预算单价

人工工日预算单价（元/工日）= 基本工资 + 辅助工资 + 工资附加费。

5. 人工工时预算单价

人工工时预算单价（元/工时）= 人工工日预算单价（元/工日）÷ 日工作时间（工时/工日）。

式中 1.068 为年应工作天数内非工作天数的工资系数；251d 为年应工作天数；日工作时间为 8 工时/工日。

4.1.2 人工预算单价计算

1. 工资标准

根据国家有关规定和水利部水利企业工资制度改革办法，并结合水利工程特点，水利部水总〔2002〕116号文将人工分为工长、高级工、中级工、初级工四个档次，并颁布了新的六类地区基本工资标准、辅助工资标准和工资附加费标准。七类至十一类工资区的标准工资乘以表4.1所列劳动部规定的地区系数。

表4.1 各类工资区地区系数表

工资区类别	地区系数
七类工资区	1.0261
八类工资区	1.0522
九类工资区	1.0783
十类工资区	1.1043
十一类工资区	1.1043

在十一类工资区基础上增加地区生活补贴系数或费用，需按国家正式文件规定执行。各省、自治区、直辖市规定的各种补贴不得计入工程单价，应进入工程成本的可列入相应部分的最后一项。

2. 计算方法

新的标准将定额人工分为工长、高级工、中级工、初级工四个档次，并按枢纽工程、引水及河道工程分别设定不同的基本工资、辅助工资、工资附加费标准，配套定额中的人工也分为以上四个等级。因此，在编制概（预）算时，每一个工程项目先要计算工长、高级工、中级工、初级工四个档次的人工预算单价，然后在编制工程单价时，每选用一个定额子目，要根据定额子目中工长、高级工、中级工、初级工的不同用量分别乘以各档次的人工预算单价，再相加得出人工费。这和以前一直应用的一个工程项目一个人工预算单价的方法相比，要麻烦一些。但用这种方法计算人工费比较准确，体现了技术工种和非技术工种的区别，也是国际上通用的方法之一，对于专业造价人员，必须认真熟悉掌握。

【例1】 某市水利水电一建筑安装公司在六类地区兴建一大型水利枢纽工程，基本工资标准为：工长550元/月，高级工500元/月，中级工400元/月，初级工270元/月，无地区津贴，施工津贴5.3元/工日，夜班津贴为中班3.5元/工日、夜班4.0元/工日，试计算各档次生产工人人工预算单价（养老保险费率按20%，住房公积金取5%。初级工的施工津贴、工资附加费标准按50%计取）。

解： 1. 计算工长人工预算单价

（1）基本工资 = 550 × 12 ÷ 251 × 1.068 = 28.08元/工日。

（2）辅助工资 = 1）+ 2）+ 3）+ 4）= 10.19。

1）地区津贴 = 0元/工日。

2）施工津贴 = 5.3 × 365 × 95% ÷ 251 × 1.068 = 7.82元/工日。

3）夜班津贴 = (3.5 + 4.5）÷ 2 × 30% = 1.2元/工日。

4）节日加班津贴 = 28.08 × 3 × 10 ÷ 251 × 35% = 1.17元/工日。

（3）工资附加费 = 1）+ … + 7）= 18.56。

1）职工福利基金 = (28.08 + 10.19）× 14% = 5.36元/工日。

2）工会经费 = (28.08 + 10.19）× 2% = 0.77元/工日。

3）养老保险基金 = (28.08 + 10.19）× 20% = 7.65元/工日。

4）医疗保险费 = (28.08 + 10.19）× 4% = 1.53元/工日。

5）工伤保险费 = (28.08 + 10.19）× 1.5% = 0.57元/工日。

6）职工失业保险基金 = (28.08 + 10.19）× 2% = 0.77元/工日。

7）住房公积金 = (28.08 + 10.19）× 5% = 1.91元/工。

（4）工长人工工日预算单价 =（1）+（2）+（3）= 56.83元/工日。

（5）工长人工工时预算单价 = 56.83 ÷ 8 = 7.10元/工时。

2. 同上分别计算出高级工、中级工、初级工的人工预算

（1）高级工人工预算单价：

高级工人工工日预算单价 = 48.43 元/工日。

高级工人工工时预算单价 = 6.05 元/工时。

（2）中级工人工预算单价：

中级工人工工日预算单价 = 44.98 元/工日。

中级工人工工时预算单价 = 5.62 元/工时。

（3）初级工人工预算单价：

初级工人工工日预算单价 = 20.38 元/工日。

初级工人工工时预算单价 = 2.55 元/工时。

第2节　材料预算单价

材料预算单价是计算建筑安装工程材料费的基础单价，在数额上等于材料在工地仓库或相当于工地仓库的出库价格。

水利水电工程建设中用于建筑安装工程中的消耗性材料、装置性材料及周转性材料，其品种繁多，性质也各不相同，按其性质及对工程投资的影响程度可划分为四大类，即主要材料、次要材料、砂石料和施工用电、水、风。

4.2.1　主要材料与次要材料的划分

在水利水电建筑工程中所用到的材料品种繁多，规格各异，在编制材料的预算价格时不可能逐一详细计算，而是将施工过程中用量大或用量虽小但价格昂贵、对工程造价有较大影响的一部分材料作为主要材料，其预算价格一般要按品种逐一详细计算；而对其他材料，由于其对工程造价影响较小，作为次要材料，用简化的方法进行计算。常用的水利水电主要材料有：

（1）水泥。包括硅酸盐水泥、普通硅酸盐水泥、矿渣硅酸盐水泥、火山灰硅酸盐水泥、粉煤灰硅酸盐水泥及一些特殊性能的水泥。

（2）钢材。包括各种钢筋、钢绞线、钢板、工字钢、槽钢、角钢、扁钢、钢管、钢轨等。

（3）木材。包括原木、板枋材等。

（4）油料。主要包括汽油、柴油。

（5）火工产品。包括炸药（起爆炸药、单质猛炸药、混合猛炸药）、雷管（火雷管、电雷管、延期雷管、毫秒雷管）、导火线或导电线（导火索、纱包线、导电线、导爆索等）。

（6）砂石料。指砂、碎（卵）石、块石等当地建筑材料，是建筑工程中混凝土、反滤层、堆砌石和灌浆等结构物的主要建筑材料。由于水利水电工程需要量大，一般自行开采，其预算价格须根据开采加工工艺流程作专门分析。

4.2.2 主要建筑材料简介

1. 水泥

（1）水泥的特性。

1）密度、体积质量。普通水泥的密度为3.0～3.15，体积质量为1000～1600kg/m^3。

2）细度。水泥颗粒愈细与水起化学反应的表面积就愈大，因而水化较快且较完全，水泥的早期强度和后期强度都较高。

3）凝结时间。水泥的凝结时间分为初凝和终凝。初凝为水泥加水拌和至水泥浆开始失去塑性的时间，终凝为加水拌和至水泥浆完全失去可塑性并产生强度的时间。硅酸盐水泥初凝时间不得早于45min，终凝时间不得迟于390min。

4）强度等级。水泥强度等级是按国家标准强度检验方法测得的3d和28d两个龄期的抗压强度确定的。水泥强度是指水泥砂浆的强度。

（2）水泥的分类。

1）一般水泥：硅酸盐水泥、普通硅酸盐水泥、掺混合料硅酸盐水泥。

2）快硬高强水泥：快硬硅酸盐水泥、特快硬硅酸盐水泥、高级水泥、矾土水泥。

3）水工水泥及耐侵蚀水泥：抗硫酸盐硅酸盐水泥、大坝水泥、防潮硅酸盐水泥、耐酸水泥。

4）膨胀水泥和自应力水泥：硅酸盐膨胀水泥、石膏矾土膨胀水泥、自应力水泥。

5）其他硅酸盐水泥：装饰水泥（白水泥、彩色水泥）、混合硅酸盐水泥。

需根据水泥的特性、工程特点及所处环境条件选用水泥。

（3）六大通用水泥新旧标准对照。

2001 年 4 月 1 日起，水泥新标准将原来的水泥标号改为强度等级。新水泥强度等级与老水泥标号的对应关系见表 4.2。

表 4.2　新水泥强度等级与老水泥标号的对应关系表

水泥标号	水泥强度等级
GB175—92	GB175—1999
725（R）	62.5（R）
625（R）	52.5（R）
525（R）	42.5（R）
425（R）	32.5（R）
GB1344—92	GB1344—1999
625（R）	52.5（R）
525（R）	42.5（R）
425（R）	32.5（R）
GB12958—91	GB12958—1999
	52.5（R）
525（R）	42.5（R）
425（R）	32.5（R）

水泥新标准的实施在提高水泥质量的同时，也保证了建筑工程的质量。

2. 钢材

钢材是指建筑工程中使用的各种钢材，主要包括钢结构中使用的板、管、型材以及钢筋混凝土中使用的钢筋、钢丝等。

（1）钢材分类。

1）按冶炼方法分类。分为平炉钢、转炉钢和电炉钢。

2）按脱氧程度分类。脱氧充分者为镇静钢及特殊镇静钢（代号 Z 及 TZ），脱氧不充分者为沸腾钢（F），介于两者之间的为半镇静钢。

3）按化学成分分类。钢是含碳量低于 2.06% 的铁——碳合金并含有 Si、Mn、S、P 等元素。

碳素钢分为低碳钢（C：< 0.25%）、中碳钢（C：0.25% ~ 0.6%）、高碳钢（C：>0.6%）。

合金钢含有某些用来改善钢材性能的合金元素，如 Si、Mn、Ti、V 等。合金元素总含量小于 5% 的为低合金钢，5% ~10% 为中合金钢，大于 10% 为高合金钢。

4）按用途分类。分为结构钢、工具钢和特殊钢。建筑钢材多为平炉及转炉生产的碳素钢和低合金钢，轧材占绝大多数。

（2）钢材的力学与工艺性能。

1）抗拉性能。抗拉性能是建筑钢材最重要的性能。表征抗拉开性能的技术指标有：屈服点、抗拉强度、伸长率。

2）冷弯性能。

3）冲击韧性。

4）硬度。指表面层局部体积抵抗压入产生塑性变形的能力，常用布氏硬度 HB 表示。

5）耐疲劳性。材料在交变应力作用下，在远低于抗拉强度时突然发生断裂，称为疲劳破坏。疲劳破坏的危险应力用疲劳极限表示。

6）焊接性能。可焊性主要指焊接后焊缝处的性质与母材性质的一致程度，影响可焊性的主要因素是化学成分及其含量。如含碳量超过 0.3% 时，可焊性显著下降。

（3）常用建筑钢材。

建筑钢材按其用途可分为钢结构用材及钢筋混凝土用材两大类。

1）碳素结构钢。碳素结构钢指一般的结构钢。其牌号包括

4 个部分，依次为：屈服点字母（Q），屈服点数值，质量等级（A、B、C、D 四级，逐级提高），脱氧方法符号。

2）低合金高强度结构钢。低合金高强度结构钢是在碳素结构钢的基础上，加入少量的若干种合金元素而成。一般情况下，合金元素的总量不超过 5%。低合金高强度结构钢按力学性能及化学成分分为 Q295、Q345、Q390、Q420、Q460 五个牌号和 A、B、C、D、E 五个等级，其质量依次提高。

3）钢筋。其材质包括普通碳素钢和普通低合金钢两大类。常用的有热轧钢筋、冷加工钢筋以及钢丝、钢绞线等。

3. 木材

（1）木材的分类。

建筑用木材通常以 3 种材型供货。

1）原木。系砍伐后经修枝并截成一定长度的木材。

2）板材。宽度为厚度的 3 倍或 3 倍以上的型材。

3）枋材。宽度不及厚度 3 倍的型材。

根据国家对木材材质的标准，按木材缺陷情况，将木材分为一、二、三、四等。

（2）木材的物理性质。

1）含水率。木材内部所含水分可分为吸附水（存于细胞壁内）和自由水（存于细胞腔与细胞间隙中）两种。当木材中细胞壁内被吸附水充满而细胞腔与细胞间隙中没有自由水时，该木材的含水率被称为纤维饱和点，一般为 20% ~ 35%。纤维饱和点是木材物理力学性质发生改变的转折点，是木材含水率是否影响其强度和干缩湿胀的临界值。

2）干缩湿胀。木材具有显著的干缩湿胀性。当木材由潮湿状态干燥到纤维饱和点时，其尺寸不变，而继续干燥到其细胞壁中的吸附水开始蒸发时，则木材开始发生体积收缩。

（3）木材的力学性质。

木材的组织结构决定了它的许多性质为各向异性，在力学性质上尤其突出。木材的抗拉、抗压、抗弯、抗剪四种强度均具有明显的方向性。

1）抗拉强度。顺纹方向最大，横纹方向最小。

2）抗压强度。顺纹方向最大，横纹方向只有顺纹的10%～20%。

3）抗剪强度。顺纹方向最小，横纹方向达到顺纹方向的4～5倍。

4）抗弯强度。木材的抗弯性很好，在使用时绝大多数为顺纹情况，可视为弯曲上方为顺纹抗压，弯曲下方为顺纹抗拉的复合情况。

4. 火工材料

（1）炸药。

一般工程爆破使用的炸药大部分是硝铵类粉状炸药，硝铵类炸药以硝酸铵为主要成分，以梯恩梯为敏感剂，以木粉为可燃剂和松散剂，以石蜡和沥青为抗水剂，以食盐为消焰剂。

硝铵类炸药的品种较多，分为岩石硝铵炸药、露天硝铵炸药、岩石铵沥蜡炸药、浆状炸药等。

岩石硝铵炸药又分为1号岩石硝铵炸药、2号岩石硝铵炸药、2号抗水岩石硝铵炸药、3号抗水岩石硝铵炸药、4号抗水岩石硝铵炸药等。

此外，还有高威力的胶质硝化甘油炸药、水胶炸药及乳胶炸药。

在水利工程中，一般石方开挖可选用2号岩石硝铵炸药；拦河大坝基坑石方开挖可按2号岩石硝铵炸药和4号抗水岩石硝铵炸药各半选取；地下洞室工程石方开挖以4号岩石硝铵炸药为主，适当比例选用乳胶炸药。当遇坚硬岩石、深孔爆破、光面爆破或预裂爆破时，应选用猛度大于16mm的高威力炸药，如胶质硝化甘油炸药、乳胶炸药等。

（2）雷管。

雷管由于构造、性质、引爆方法的不同，分为火雷管与电雷管两类。用导爆索引爆的雷管称为火雷管，用电引爆的称为电雷管。

1）火雷管。火雷管由外壳、起爆药、猛炸药、加强帽组成，由点火引爆，适用于露天矿、无瓦斯和矿尘爆炸危险的地下作业，不适用于有水炮眼。目前火雷管已停止生产和使用。

2）电雷管。电雷管是在火雷管的构造基础上加电引火装置组成。电雷管有瞬发电雷管、秒延期电雷管、毫秒延期电雷管、抗杂散电流电雷管4种。

（3）引爆线。

引爆线指传递火焰、传递爆轰波和传导电流引爆雷管的索（线），包括导火线、导爆索等。

1）导火线。导火线是传送火焰的索状点火材料。索芯是黑炸药、氧化剂与木炭和硫黄的混合物，中间穿有棉线，外皮由多层棉纤维条或化学纤维线包覆，并涂有沥青防潮层。目前导火线已停止生产和使用。

2）导爆索。导爆索是传递爆轰波的索状起爆材料，结构层次与导火线相似，但索芯药为猛炸药黑索芯，索的外层涂色。

3）导电线。导电线是引爆电雷管的导线，外包聚氯乙烯绝缘。

依据国家国防科学技术工业委员会、公安部文件“科工爆〔2008〕203号”，导火索（导火线）、火雷管、铵梯炸药已被淘汰，自2008年1月1日起不再生产和使用，应用定额时应注意调整。

5. 油料

油料大致分为四大类：液体燃料（汽油、煤油、柴油等）、润滑油（发动机润滑油、工业用润滑油等）、润滑脂（减磨用脂、防护用脂等）、特种油（液压油、传动油等）。

（1）汽油。

带化油器发动机的汽车、摩托车、拖车泵以及装有汽油机的各种地面机械和水面船艇均使用车用汽油，简称汽油。汽油是轻质石油产品的一大类，沸点范围约40～200℃，主要成分是四碳至十二碳烃类，由天然石油和人造石油经分馏或由石油重质馏分经裂化而制得。

1）汽油的质量要求。为了保证发动机迅速启动，正常运转并延长使用寿命，对汽油的质量主要有下列要求：

①适当的蒸发性，应有足够的轻质馏分，保证发动机在各种使用温度下能顺利启动，加速性能良好，燃烧完全，并不产生气阻。

②良好的抗爆性，即汽油应具有与发动机压缩比相适应的高辛烷值，从而保证发动机发出最大的功率而不会由于爆震而损害机械。

③良好的安定性，汽油应该性质安定，在贮存和运输过程中不易氧化变质而生成胶质及其他有害物质。

④无腐蚀性。

⑤良好的洁净性。

2）汽油的种类和牌号。不同的加工过程所得的汽油馏分的组成、性质不同。不同加工过程的汽油辛烷值不同。直馏汽油辛烷值最低，一般在 40～50 左右，催化裂化汽油、重整汽油约 70～80 以上。目前我国汽油按 GB 484—93 生产的有 90 号、93 号和 97 号三种，牌号是按研究法辛烷值划分的。按 SH 0112—92 生产的 66 号和 70 号两种，牌号是按马达法辛烷值划分的，还有按 SH 0041—93 生产的无铅汽油 90 号、93 号和 95 号，三种牌号是按研究法辛烷值划分的。

3）汽油的使用。发动机选用何种牌号汽油作燃料，主要应考虑发动机压缩比的大小。压缩比大的发动机应选用辛烷值高的汽油，压缩比小的发动机应选用辛烷值低的汽油。压缩比在 7.0 下的发动机使用 66 号或 70 号汽油，如水利工程一般的载重汽车、北京吉普等；压缩比在 7.0～8.0 的发动机，使用 90 号以上汽油，如面包车、小轿车等；压缩比在 8.0 以上的发动机应使用 97 号汽油。各种车辆只有选用辛烷值适当的汽油，才能充分发挥车辆的动力性能，并节约油料。

高原空气稀薄，大气压力很低，发动机吸入空气量减少，压缩压力也随着降低，因而使用辛烷值较低的汽油也不易产生爆震。例如平原地区用70号汽油的车辆，在海拔为1000m的高原地区可以使用辛烷值为62的汽油。在海拔为2000m的高原地区，甚至可以使用辛烷值为50的汽油。因此，当某一水利工程需要使用大量汽油时，应根据工程所在地区海拔高程、不同的汽车型号、不同的压缩比，选用不同牌号的汽油，有利于控制工程造价。

（2）柴油。

1）分类：柴油分为重柴油、轻柴油和农用柴油三大类。

重柴油为比重较大的一类柴油，由天然石油、人造石油等经分馏或裂化而得。与轻柴油相比，质量要求较宽、粘度较大、凝固点较高。

轻柴油是比重较轻的一类柴油，由天然石油、人造石油、页岩油等经分馏而得，有时也加入一部分裂化产物，与重柴油相比，质量要求较严，十六烷值较高，粘度较小，凝固点较低。

农用柴油是凝固点相对更高的重柴油。

水利工程施工所需的工程机械及运输设备大部分采用轻柴油，少量也可用重柴油作为燃料。

2）柴油的质量要求。

①应在各种使用温度下具有良好的流动性，以保证发动机燃料的不断供应，工作可靠。因此，柴油应具有适当低的凝点和浊点，粘度要适当，在低温下能顺利流动，并雾化良好。

②应具有良好的发火性能，因此，柴油应具有适当高的十六烷值和良好的蒸发性，喷入燃烧室后能迅速着火，燃烧完全，不产生粗暴现象，而且燃烧后不冒黑烟，使柴油机能发出最大的功率，同时耗油量又不至于过大。

③安全性。

④本身及其燃烧后的产物不具有腐蚀性。

⑤清洁性。

⑥应具有较高的闪点，以保证贮运和运用中的安全。

3）柴油的种类和牌号。

①轻柴油（GB 252—94）。目前，我国生产三种质量级别的轻柴油，即优级品、一级品和合格品。优级品已达到国际先进水平，一级品已达到国际一般水平，合格品为达到国内平均先进水平。每个质量级别又按凝点的不同分为 10 号、0 号、-10 号、-20 号、-30 号、-50 号 6 个牌号。

②军用柴油：我国从 20 世纪 80 年代开始生产军用柴油，代替直馏轻柴油、专用柴油和通用柴油。现在已能生产优级品和一级品两个质量等级军用柴油，每个质量等级又按凝点不同划分为 -10 号、-35 号、-50 号 3 个牌号，军用柴油的凝点相对较低，有利于寒冷地区使用。

4）柴油的使用。

柴油发动机应根据其构造性能、工作状态及周围气温，选用不同牌号的柴油。

水利工程中常用的工程机械多属高速柴油机，均采用轻柴油。柴油的选用以保证在最低气温下不凝固为原则。

国际石油工业界推荐风险率为 10% 的最低气温用来估计使用地区的最低操作温度，这对柴油机在低温操作时的正常设备防寒，燃油系统的设计，柴油的生产、供销、采购以及使用，提供了统一的衡量数据。某月风险率为 10% 的最低气温值，表示该月中最低气温低于该值的概率为 0.1。

一般可按照下列情况分别选用：10 号轻柴油适合于有预热设备的高速柴油机使用；0 号轻柴油适合于风险率为 10% 的最低气温在 4℃ 以上地区使用；-10 号轻柴油适合于风险率为 10% 的最低气温在 -5℃ 以上地区使用；-20 号轻柴油适合于风险率为 10% 的最低气温在 -5 ~ -14℃ 地区使用；-35 号轻柴油适合于风险率为 10% 的最低气温在 -14 ~ -29℃ 的地区使用；-50 号轻柴油适合于风险率为 10% 的最低气温在 -29 ~ -44℃ 的地区使用。

柴油在水利工程建设中用量较大，特别是采用当地建筑材料筑坝时用量更大，往往是构成工程造价的一个关键因素。因此应根据所用工程机械和运输设备的特点，特别是工程所在地区气温状况，正确选择柴油品牌，既要保证质量及安全，同时要有利于控制工程造价。

6. 砂石料

砂石料是指砂、卵石、碎石、块石、条石等当地材料，其中砂和卵（碎石）统称骨料。骨料根据料源情况分为天然骨料和人工骨料两种。

天然骨料是指开采砂砾料经筛分、冲洗加工而成的卵（砾）石和砂，有河砂、海砂、山砂、河卵石、海卵石等。

人工骨料是指用爆破方法开采岩石作为原料（块石、片石统称碎石原料），经机械破碎、碾磨而成的碎石和机制砂（又称人工砂）。

砂石料是水利工程的主要建筑材料。水工混凝土由于建筑物的特殊性，一般均有抗渗、抗冻等要求，因此十分重视骨料质量。

骨料的强度、抗冻性、化学稳定性等指标主要靠选用料源来满足，颗粒级配及杂质含量则靠加工工艺流程来控制。

（1）砂。

1）砂的用途：砂主要是作为细骨料，粒径为 0.15 ~ 5mm，与胶凝材料（包括水泥、石灰、石膏等）配制成砂浆或混凝土使用。此外，在基础工程中，砂可作为地基处理的材料，如砂桩、砂井、砂垫层等。砂的体积质量，在干燥状态下平均为 1500 ~ 1600kg/m^3；但在堆积震动下紧密状态时可达 1600 ~ 1700kg/m^3。砂按其直径划分为 3 种：粗砂平均直径不小于 0.5mm，中砂平均直径不小于 0.35mm，细砂平均直径不小于 0.25mm。

2）砂的颗粒要求：砂的颗粒应该坚硬洁净，以没有掺杂小石子、泥土、草根、树皮或其他杂质的为佳。砂中所含云母、轻物质（密度小于 2.0g/cm^3）、有机质、硫化物和硫酸盐等有害物，其含量应符合规定。

3）砂的颗粒级配和细度模数：砂的颗粒级配表示大小颗粒砂的搭配情况，混凝土或砂浆中砂的空隙是由水泥浆来填充的，为达到节约水泥和提高强度，应尽量减少砂粒之间的空隙。良好的级配应有较多的粗颗粒，同时配有适当的中颗粒及少量细颗粒填充其空隙。砂的细度模数是表示砂子粗细程度的一项指标。

4）砂的含水量与其体积之间的关系：砂的外观体积随着砂的湿度变化而变化。在设计混凝土和各种砂浆配合比时，应以经过加工筛分且筛除杂质后的干松状态下的砂为标准进行计算。

5）砂含水率与容重的关系：砂的体积随其含水率不同而变化，导致砂的容重随含水率不同而变化。从大量的试验资料中发现，当砂含水率为1%～5%时，其容重比干松状态下砂的容重逐渐减小；随着含水率增加到6%～7%时，其容重最小；含水率再继续增加时，其容重随着逐渐增加；当含水率增至20%左右时，其容重最大。

6）砂的物理性质：砂的密度一般为2.6～2.7g/cm^3；干燥状态下，砂的堆积密度一般约为1500～1600k/m^3；砂的空隙率，干燥状态下一般为35%～45%。

（2）卵石、碎石。

卵石、碎石在水利工程中用量很大，颗粒粒径均大于5mm，称为粗骨料。

卵石系天然岩石经自然风化后，因受水流的不断冲击，互相摩擦成圆卵形，故称卵石。卵石也与砂一样，依产地和环境不同，可分为河卵石、海卵石和山卵石。山卵石通常掺杂较多的杂质，一般颗粒较锐，海卵石中则常混有贝壳，河卵石比较洁净。

碎石是把各种硬质岩石经人工或机械加工破碎而成。

卵石是天然生成，不需加工，且卵石表面光滑，制成的混凝土和易性好，易捣固密实，孔隙较少，不透水性比碎石好。但卵石与水泥浆的粘结力较碎石差，故卵石混凝土的强率较碎石混凝土的低。卵石颗粒的坚硬程度不一致，片状、针状颗粒较多，含杂质亦较多，这对混凝土强度也有一定影响。故配制强度等级较高的混凝土宜用碎石。

混凝土用的卵石或碎石中粒级的上限称为该粒级的最大粒径。卵石、碎石粒径大，其表面积随之减少。因此保证一定厚度的润滑层所需的水泥砂浆的数量也相应减少，所以卵石、碎石最大粒径，在条件许可时，应尽量选用大些的。但粒径的选用取决于构件截面尺寸和配筋的疏密。根据《钢筋混凝土工程施工及验收规范》的规定，最大颗粒尺寸不得超过结构截面最小尺寸的1/4，同时不得大于钢筋最小净间距的3/4，对板类构件不得超过板厚的1/2。

普通混凝土用碎石或卵石的技术要求如下。

1）空隙率：碎石或卵石的空隙率大于45%者，均不宜用于配制混凝土。散碎石的空隙率约为45%，松散卵石的空隙率约为35%～45%。石子空隙率小，在拌制混凝土时可以节约水泥用量，强度也高。

2）针状、片状颗粒的含量及含泥量：碎石或卵石中针状、片状颗粒含量及含泥量（即颗粒小于0.08mm的尘屑、淤泥和粘土的总含量）均应符合规定，但不宜含有块状粘土。

3）有害物质含量：碎石中常含有颗粒状硫化物和硫酸盐等有害物质，卵石中除此以外常含有机杂质，这些有害物质含量应加以控制，须符合规定。

4）颗粒级配：卵石、碎石级配的判断是通过筛分试验，计算分计筛余百分率和累计筛余百分率确定的，要求各筛上的累计筛余百分率应符合规范的规定。

若石子级配不能满足规范的要求又需要使用时，应采取措施。比如，分级过筛重新组合，或不用同级配的骨料经过试验取得结果确能保证工程质量的，可以考虑使用。

5）物理性质：卵石、碎石的表观密度一般为2.5～2.7g/cm^3。碎石的堆积密度，处于气干状态时，一般为1400～1500kg/m^3，卵石为1600～1800kg/m^3。

(3) 块石和条石

天然石材在建筑工程中常用的品种还有块石和条石。前者系指由岩石爆破采掘直接获得的天然石块，故又称毛石，后者系以人工或机械开采出的较规则的六面体石料，经人工凿琢加工成长方形的石块。块石和条石的质量要求、用途及规格按有关规定。

7. 土工合成材料

(1) 概述。

土工合成材料是应用于岩土工程、以合成材料为原材料制成的各种产品的统称，称为土工合成材料，以区别于天然材料和其他建筑材料。早期称为“土工织物”、“土工膜”等，1994年在新加坡召开的第五届国际土工合成材料学术会议上，正式确定这类材料的名称为“土工合成材料”。

土工合成材料的原料是高分子聚合物，再进一步加工成纤维或合成材料片材，最后制成各种产品。制造土工合成材料的聚合物主要有聚乙烯(PE)、聚酯(PER)、聚酰胺(PA)、聚丙烯(PP)和聚氯乙烯(PVC) 等。

土工合成材料具有反滤功能、排水功能、隔离功能、防渗功能、防护功能以及加筋和加固等多方面的功能，因而在水利工程中获得广泛的应用，用于水闸和堤防工程的防渗、排渗和加固工程，堤岸护坡及防汛抢险工程。

(2) 土工合成材料的种类。

土工合成材料分为四大类：土工织物、土工膜、土工复合材料和土工特种材料。

1) 土工织物：土工织物是一种透水性材料，按制造方法不同又进一步划分为有纺、无纺及编织三种。有纺土工织物又称织造型土工织物，无纺土工织物根据粘合方式的不同又分为热粘合、化学粘合和机械粘合三种。

2) 土工膜：土工膜是一种基本不透水的材料，根据原材料不同，可分为聚合物和沥青两大类，为满足不同强度和变形需要，又有不加筋和加筋的区分。聚合物膜在工厂制造，作为商品卖给用户，而沥青膜则大多在现场由承包者现场制造。膜厚一般为0.25～4mm。

3）土工复合材料：土工复合材料是两种或两种以上的土工合成材料组合在一起的制品，这类制品能满足不同工程的需要，因而产品繁复，主要有：复合土工膜、塑料排水带、软式排水管以及其他复合排水材料等。

4）土工特种材料：土工特种材料是为工程特定需要而生产的土工合成材料，主要有土工格栅、土工网、土工模袋、土工格室、土工管、聚苯乙烯板块、粘土垫层等，其中土工模袋在近几年的水利工程中得到极为广泛的应用。

（3）土工合成材料的施工。

土工合成材料施工技术简便，容易保证质量。在土工膜的接缝方面，从简单的搭接和粘合剂粘接，到利用各种机械焊接，如热压填角焊、热压平焊、热楔形熔焊、热空气熔焊、超声波接缝等。在比较重要的工程上，为了保证质量，有时采用双道焊缝等。近年我国在土工合成材料的施工方面积累了丰富的经验，对塑料排水板工程中使用的插板机、土工膜截水墙工程使用的开槽机以及混凝土模袋的施工设备，都作了不少创新和改进。

8. 粉煤灰

（1）概述。

粉煤灰是从燃煤粉的电厂锅炉气中收集到的细粉末，其颗粒多数呈球形，表面光滑，色灰或浑灰。粉煤灰的松散容重为550～800kg/m^3。粉煤灰的成分与高铝粘土相接近，主要以玻璃体状态存在，另有一部分莫来石、α石英、方解石及β硅酸二钙等少量晶体矿物。

1991年国家制定的《粉煤灰混凝土应用技术规范》，1996年制定的《水工混凝土掺用粉煤灰技术规范》，是当前应用粉煤灰技术的规范依据。

（2）粉煤灰的化学成分及性能。

1）粉煤灰的化学成分：粉煤灰的化学成分决定于煤的品种

及燃烧条件。一般来讲粉煤灰中的 SiO_2 含量为45%～60%，Al_2O_3 含量为20%～30%，Fe_2O_3 含量为5%～10%。

粉煤灰的火山灰活性主要与 SiO_2、Al_2O_3，及 Fe_2O_3，的含量有关。而其烧失量主要与含碳量有关。当粉煤灰中的碳含量在8%以下时，对水泥的水化硬化就不会有什么影响。

2）粉煤灰的性能：粉煤灰的主要性能为其细度、颗粒形状、比重、容重、需水量与活性。

粉煤灰的细度不仅影响混凝土的和易性，还与粉煤灰的活性有关。通常颗粒愈细，活性愈大。

粉煤灰的需水量主要取决于其细度、颗粒形状及颗粒表面状态。一般常以需水量比即粉煤灰需水量与硅酸盐水泥需水量之比来评价该项指标。

粉煤灰的活性是以其火山灰活性指标来表示。它主要取决于粉煤灰的化学成分、玻璃体含量、细度、颗粒形状及颗粒表面状态。各种试验证明，粉煤灰的火山灰反应生成物与水泥的水化产物基本相同。随着龄期的增长，粉煤灰的水山灰反应及粉煤灰与水泥水化产物的结合反应同时进行，因此掺粉煤灰混凝土的后期强度均有很大的提高。

（3）粉煤灰掺合料对混凝土性能的影响。

1）对混凝土拌和物性能的影响。以粉煤灰取代部分水泥或集料，都能在保持混凝土原有和易性条件下减少用水量。一般来讲，粉煤灰愈细，球形颗粒含量愈高，其减水效果愈好。如果掺粉煤灰而不减少用水量，则可改善混凝土的和易性并能减少混凝土的泌水率、防止离析。因而粉煤灰掺合料更适合于压浆混凝土和泵送混凝土。

2）对混凝土强度、耐久性等物理力学性能的影响。以粉煤灰取代部分水泥时，混凝土的早期强度可能稍有降低，但后期强度则与纯混凝土相等或略高。水泥用量不变，以粉煤灰取代部分细集料时，混凝土的早期及后期强度均有提高。

由于以粉煤灰取代水泥或细集料都能减少混凝土的用水量，

相应降低水灰比，因此能提高混凝土的密实性及抗渗性，并改善混凝土的抗化学侵蚀性。粉煤灰对混凝土的抗冻性略有不利影响，因此当对混凝土有特殊抗冻要求时，应在掺粉煤灰的同时，适当加入引气剂，以满足抗冻要求。

粉煤灰还能使混凝土的干缩减少5%左右，使混凝土的弹性模量大约提高5%～10%。粉煤灰掺合料还能减少混凝土的水化热，防止大体积混凝土开裂，降低大坝施工期内温控费用。

粉煤灰与混凝土中的$Ca(OH)_2$发生反应后，明显降低了混凝土的碱性，这对钢筋防锈不利，应引起充分注意。

（4）粉煤灰的技术要求。

粉煤灰按其颗粒细度分为原状灰和磨细灰，依其排放方式分为干排灰和湿排灰。由于粉煤灰的品质差异很大，因此使用时必须十分注意其品质波动情况，并按规定进行随机抽样试验。干粉煤灰还特别容易吸潮，在运输及保管过程中应十分注意保证质量。根据国家规范规定，将粉煤灰分为三个等级并作了相应的规定。

粉煤灰按其品质分为Ⅰ、Ⅱ、Ⅲ三个等级。掺用于水工混凝土的粉煤灰品质指标和等级及检测应按有关规定执行。

（5）粉煤灰在水利工程中的应用。

在混凝土或砂浆中粉煤灰可取代部分水泥，也可取代部分细集料，或既不取代水泥也不取代细集料。取代水泥又分为等量取代和超量取代。粉煤灰的掺用方式及适宜掺量主要取决于所要达到的目的和要求。

在水工混凝土中掺粉煤灰已取得的明显效果，主要有以下几个：

1）改善混凝土的和易性，在运输与浇筑过程中，减少混凝土的离析和泌水。

2）减少混凝土水化热温升。

3）提高混凝土抗环境水的硫酸盐侵蚀和软水溶出性侵蚀。

4）提高混凝土的密实性和抗渗性。

5）提高混凝土后期强度增长率和后期强度。

6）缓和水泥中游离石灰和氧化镁的有害影响，改善水泥的安定性。

7）缓和活性集料与碱的有害反应。

8）节约水泥、降低成本。

粉煤灰取代水泥的最大限量（以重量百分比计）应符合规范规定。

9. 灌浆材料

（1）概述。

为了减少基础渗漏，改善裂隙岩体的物理力学性质，修补病险建筑物，增加建筑物和地基的整体稳定性，提高其抗渗性、强度、耐久性，在水利工程中广泛应用了各种形式的压力灌浆。

压力灌浆按其使用目的可分为帷幕灌浆、固结灌浆、接触灌浆、回填灌浆、接缝施工灌浆及各种建筑物的补强灌浆。

压力灌浆按灌浆材料不同可分为三类。

1）水泥、石灰、粘土类灌浆。又可分为纯水泥灌浆、水泥砂浆灌浆、粘土灌浆、石灰灌浆、水泥粘土灌浆等。

2）沥青灌浆。适用于半岩性粘土、胶结性较差的砂岩或岩性不坚有集中渗漏裂隙之处。

3）化学灌浆。化学灌浆材料能成功地灌入缝宽0.15mm以下的细裂缝，具有较高的粘结强度，并能灵活调节凝结时间。我国水利工程中多使用水泥、粘土和各种高分子化学灌浆，一般情况下，缝隙0.5mm以下，同时地下水流速较大，水泥浆灌入困难时，可采用化学灌浆。

（2）化学灌浆材料。

1）水玻璃灌浆。它是化学灌浆中常见的一类，多半用于地基加固和水流速度较大的止水灌浆，其缺点是性质较脆，价格较贵。为了改善性能和降低成本，可在水玻璃中掺入水泥、水泥砂浆、矿渣粉，并掺加少量缓凝剂、掺合剂等。

2）铬木质素灌浆。铬木质素灌浆是利用亚硫酸盐纸浆废液

（木素液）和重铬酸钾为主要聚合材料的一种单液灌浆。这种浆液注入地层充填土（砂）粒间的孔隙以及基础岩石中的裂隙，经过反应便生成铬木质素凝胶体，提高了被灌体的抗变形和抗破坏能力，起到加固基础和防渗堵漏的作用。近年来，国内外研制在浆液中用硼砂、氯化铝、氯化铜、过硫酸铵等予以改性，提高了强度并改善了抗渗性能。

3）环氧灌浆。环氧灌浆粘结强度高，稳定性好，施工不复杂，但灌入性差。因为环氧浆液粘度大，较难灌入细裂缝，同时施工时受水和温度的影响较大，因此，它仅适用于具有较宽和较干燥裂缝的混凝土及岩石的补强和固结灌浆，混凝土坝的纵缝或接缝灌浆，混凝土结构物的补强或粘结。

环氧树脂灌浆材料按其稀释剂的种类分为三类，即：非活性稀释剂体系环氧树脂灌浆材料、活性稀释剂体系环氧树脂灌浆材料以及糠醛—丙酮稀释体系环氧树脂灌浆材料等。

编制材料单价时，应根据施工组织设计提供的配方进行组价，例如贵州猫跳河四级水电站拱坝接缝灌浆采用环氧灌浆，其配合比为：环氧树脂 100，聚酰胺树脂 10，糠醛 50，丙酮 50，乙二胺 10，按此比例及不同化工材料单价组合计算出环氧灌浆材料价格。

4）甲凝灌浆。甲凝是以甲基丙烯酸甲酯为主要成分，加入引发剂等组成的一种低粘度的灌浆材料。这类灌浆材料渗透力很强，可灌入 0.05 ~ 0.1mm 的细微裂缝，在一定的压力下，还可渗入无缝混凝土中一定深度，聚合后的强度和粘结力很高，具有较好的稳定性。因此，它在大坝混凝土裂缝的补强中得到极为广泛的应用。

编制甲凝灌浆材料单价应按施工组织设计提供的配方进行组价。例如青铜峡大坝混凝土裂缝甲凝灌浆配方为，甲基丙烯酸甲酯 100mL，丙烯酸 10mL，过氧化苯甲酰 1g，对甲苯亚硫酸 1 ~ 2g，二甲基苯胺 0.5 ~ 1mL，按此配方及各种化工材料价格组合计算出甲凝灌浆材料单价。

5）丙凝灌浆。丙凝是以丙烯酰胺为主剂的一种堵水和防渗灌浆材料，它是以丙烯酰胺与甲撑双丙烯酰胺的水溶性混合物为主剂，经过引发剂过硫酸铵及促进剂β = 甲氨基丙腈的作用产生凝胶，达到使地基不透水的效果。由于丙凝浆液粘度低，灌入性好，可灌入细砂和细裂隙，尤其是它的亲水性特别好，从而可以快速堵住大量和较大流速的涌水，因此，在水利工程中得到了广泛的应用，有“止水堵漏”冠军之称。

此外，化学灌浆材料常用的还有聚氨酯灌浆材料，它是一种防渗堵漏能力较强，固结强度较高的防渗固结材料。还有一种叫丙强灌浆材料，是脲醛树脂与丙凝混合而成的灌浆材料，它弥补了脲醛树脂的抗渗性能差和丙凝强度低的缺陷，具有防渗和加固的双重作用。

10. 建筑物缝面止水材料

水工建筑物的缝面保护和缝面止水是增强建筑物面板牢固度和不渗水性，发挥其使用功能的一项重要工程措施。建筑物封缝止水材料要求不透水、不透气、耐久性好，而且还要具有隔热、抗冻、抗裂、防震等性能。在水利工程中，诸如大坝、水闸、各种引水交叉建筑物、水工隧洞等，均设置伸缩缝、沉陷缝，通常采用砂浆、沥青、砂柱、铜片、铁片、铝片、塑料片、橡皮、环氧树脂玻璃布以及沥青油毛毡、沥青等止水材料。

（1）沥青类缝面止水材料：沥青类缝面止水材料除沥青类砂浆和沥青混凝土外，还有沥青油膏、沥青橡胶油膏、沥青树脂油膏、沥青密封膏和非油膏类沥青以及锯末沥青板、沥青橡胶、沥青麻等。

（2）聚氯乙烯胶泥：聚氯乙烯胶泥是以煤焦油为基料，加上少量聚氯乙烯树脂、邻苯二甲酸二丁酯（增塑剂）、硬脂酸钙（稳定剂）、滑石粉（填料），在130～140℃温度下塑化而成的热施工防水填缝材料。这种材料具有较好的弹性、粘结性和耐热性，低温时延伸率大，容重小，防水性能好，抗老化性能好，在-25～80℃之间均能正常工作，施工也较为方便，因而在水利工程中得到广泛应用。水利工程中的渡槽常采用预制块吊装的方法施工，因而接缝止水显得特别重要，聚氯乙烯胶泥是最合适的止水材料。近年来推广应用的塑料油膏就是在聚氯乙烯胶泥的基础上改性而研制成功的，具有弹性大、粘结力强、耐候性好、老化缓慢等特点，施工也甚为方便，效果较好。

（3）其他填缝止水材料：除了上述介绍的两大类型新型填缝止水材料外，还有木屑水泥、石棉水泥、嵌缝油膏等。

4.2.3 主要材料预算价格

主要材料是指对工程总投资所占份额最大的材料，一般指水泥、钢材、木材、粉煤灰、油料、火工产品、电缆及母线，但要根据工程具体情况增删。如大体积混凝土掺用粉煤灰，则粉煤灰为主要材料。大量采用沥青混凝土防渗的工程，应增加沥青为主要材料。对石方开挖量很小的工程，火工产品不列为主要材料的范围。

主要材料预算价格一般包括 5 项，即材料原价、包装费、运杂费、采购保管费和运输保险费。

1. 材料原价

材料原价是计算材料预算价格的基值，当前材料原价基本全部按照市场价计算。可根据不同的材料来源分别计算，也可按工程所在地区就近大的物资供应公司、材料交易中心的市场成交价或设计选定的生产厂家的出厂价计算。黔水建〔1999〕110 号文规定了贵州水利水电工程进入工程单价的主要材料价格，超出部分不作为费用计算依据，另计税后补差。

计算材料价格时应注意以下因素。

（1）水泥。在计算普通水泥原价时，如设计采用早强水泥，可按设计确定的比例计入。袋装水泥的包装费按规定计入原价，不计回收，不计押金。散装水泥节包费分配比例按地方规定执行。应按规定计入水泥原价的，按原价计入；属降低水泥价格的，不得提高水泥原价。在可行性研究阶段编制投资估算时，水泥原价可统一按袋装水泥价格计算。

（2）钢材。包括钢筋、型钢和钢板。确定钢筋原价的代表规格、型号、比例为：普通圆钢 $A_3\phi15\sim18mm$；低合金钢 $20MnSi\phi19\sim24mm$；普通钢与低合金钢比例由设计确定。

（3）木材。可由工程所在地区木材公司供应的，执行地区木材公司规定的原条和锯材大宗批发价（市场调节价）。确定木材原价的代表规格，按二、三类树林各50%，一、二等材分别为40%、60%，长度按2~3.8m，锯材按中枋中板，原松木径级按 $\phi20\sim28mm$，杉木的径级由设计根据该工程所在地贮木场供应情况确定。

（4）汽、柴油。按全部由工程所在地区石油公司供应考虑。汽、柴油的规格由设计根据工程所在地区气温条件确定。

（5）火工产品。雷管原则上应执行非金属壳价格，具体采用什么产品，由设计确定。

以上材料，指工程一般必须编制材料预算价格的主要品种。除此之外，凡对工程投资影响较大，必须作为主要材料对待的，也应视同主要材料，编制该材料的预算价格。如碾压混凝土坝的粉煤灰、沥青斜墙中的沥青等。

2. 材料运杂费

材料运杂费是指材料由产地经火车站或物资供应者的仓库到施工工地仓库的运杂费，包括铁路运杂费、公路运杂费、综合费（即管理费、利息、进货费）、装卸费、附加整理费、运输损耗等。

火车整车零担比例，大型工程整车按90%，中型工程按70%~80%，整车装载系数0.9。

3. 包装费

包装费是指为了方便材料的运输或保护材料不受损伤而进行包装所需的那部分费用，其费用按照包装材料的品种、价格、包装费用和正常的折旧摊销计算。一般材料的包装费均已包括在材料原价内，不再单独计价。

4. 材料运输保险费

材料运输保险费指材料在运输过程中所交纳的材料运输保险费，新规定从运杂费中剔出，作为材料预算价格的组成部分。

计算公式：

材料运输保险费 = 材料原价 × 材料运输保险费率

5. 材料采购及保管费

材料采购及保管费包括的项目内容如下。

（1）工资。指工地仓库及各级材料管理人员，如材料处、科、组及材料计划、管理、采购、运输、保管、公务等人员的工资、辅助工资和工资附加费。

（2）办公费。指材料供应部门的办公用品、账簿、邮电、印刷、书报、水电、集体取暖等费用。

（3）差旅费及交通费。指材料管理人员因公出差或调动工作（包括家属）的旅费、宿费、伙食补助费、市内交通费、探亲船费及交通工具的维护费。

（4）固定资产使用费。指材料供应部门办公用房、仓库等固定资产的折旧、大修和维护费、租赁费和房地产税等。

（5）工具用具使用费。指材料部门及仓库使用的工具用具的购置、摊销和维修费。

（6）劳动保护费：指按国家规定或经主管部门批准发放的劳动保护用品的购置费、修理费和保健费、防暑降温费、技术安全设施费等。

（7）检验试验费。指材料在采购和中间仓库保管期间所进行的关于材料性能、质量鉴定试验的费用。

（8）材料储存损耗。指材料在工地仓库储存保管期间所发生的损耗。

（9）其他：指上述费用项目以外的零星费用。

不论材料供应保管方式是哪种，采购及保管费率统一按规定计算。

计算公式为：

采购及保管费 =（原价 + 包装费 + 运杂费）× 采购及保管费率

式中　采购及保管费率——水利部水总〔2002〕116 号文规定为 3%；贵州黔水建〔1999〕110 号文规定向生产厂家直接采购的为 4%，向物资部门采购的为 2.5%。

综合以上内容，主要材料预算价格计算公式如下：

材料预算价格 =（材料原价 + 包装费 + 运杂费）× (1 + 采购及保管费率) + 运输保险费

4.2.4　次要材料预算价格

次要材料是相对主要材料而言的，两者之间并没有严格的界限区分，要根据工程对某种材料用量的多少及其在工程投资中的比重来确定。在一般水利水电工程中，常以水泥、钢材、木材、火工品和油料作为主要材料，其他材料作为次要材料。次要材料品种繁多，其费用在投资中所占材料总量比例很小，不可能也没有必要逐一详细计算其预算价格。一般按材料市场价加 8% 左右运杂费、采购保管费，或采用附近城市政府颁发的工业与民用建筑安装材料预算价格加 5% 左右作为水利水电工程次要材料的预算价格。

4.2.5　材料调差价

由于材料市场价格的起伏变化造成间接费、利润相应的变动，有些部门（如工民建）和有些地方的水利水电主管部门，对主要材料规定了统一的价格，按此价格进入工程单价，计取有关费用，故称为取费价格。参考各地经验，1998 年水利部颁发的《水利水电工程设计概（估）算费用构成及计算标准》中规定，外购砂、碎石、块石、料石等预算价如超过 60 元/m^3 的，按 60 元/m^3 取费，2002 年改为按 70 元/m^3 取费，这种只规定上限的基价称为规定价或限价。材料实际市场价与规定价之差称为材料调差价。

4.2.6　进口货物的价格种类

1. 离岸价格

离岸价格亦称“船上交货价格”，简称 F. O. B（英文 free on

board 的缩写)。它是以货物装上运载工具为条件的价格。它是对外贸易货物买卖的基本价格条件之一，也是确定出口关税的完税价格的重要依据。根据国际商会 1936 年制定、1980 年修订的《国际贸易条件解释通则》，卖方承担将货物装上运载工具的一切费用和风险；买方则承担货物装上运载工具后的一切费用和风险，支付由装货港到目的港的运费和保险费。离岸价格有许多变种，如飞机、火车、卡车上交货价格等。

2. 离岸加运费价格

离岸加运费价格是英文 Cost and Freight 意译，缩写 C&F。亦译“成本加运费价格”。由卖方负责将货物装上船只并支付运费为条件的价格。由离岸价格和运费所构成。采用此价时，卖方负责租船、订舱、将货物装船并立即通知买方，负担装船前一切费用，以及由启运港至目的港的运费。买方承担海上运输过程中货物保险、支付保险费用及除运费以外的一切费用（如卸货费)。但另有协议者除外。离岸加运费价格与到岸价格不同之处，在于它是由卖方将货物装船通知买方，由买方自行投保海洋运输货物保险并开支保险费。

3. 离岸加保险费价格

离岸加保险费价格是英文 Cosr and lnsuruonce 的意译，缩写 C&I。亦译成本加保险费价格。以由卖方负责将货物装上船并支付保险费为条件的价格。采用离岸加保险费价格时，卖方负责将货物装上买方指派或指定的船只，承担将货物装上船只前的一切费用和风险，并支付启运港至目的港的保险费。

4. 到岸价格

到岸价格也称成本加运费和保险费的价格。简称 C. I. F［英文 Cost（成本） insumance（保险）and freight（运费）的缩写]。它是以货物装上运载工具并支付运费、保险费为条件的价格。它是对外贸易买卖的基本价格之一，这是确定进口税的完税价格的重要依据。根据国际商会 1936 年制定、1980 年修订的《国际贸易条件解释通则》，卖方应负责提供运载工具，承担货物装上运载工具前的一切费用和风险，支付由启运港至目的港的运费和保险费。货物投保的险别，按信用证规定办理。买方承担货物装上运载工具后的一切费用和某些专门费用（如要求卖方投保战争保险的保险费等）。

第3节　砂石料单价

建筑材料中的砂石料主要包括砂、卵、石、块石、条石、料石等，是水利水电工程中混凝土、反滤层、灌浆和堆砌石等结构物的主要建筑材料。对于大中型工程，由于砂石料用量很大，主要由施工企业自行采备，自采砂石料根据工程具体情况又分为自采天然砂石料和开采岩石加工而成的人工砂石料两种。对于小型工程，可根据实际情况购买就近砂石料场的砂石料。由于砂石料用量在材料总量中所占比例较大，对工程造价影响很大，所以应认真编制，以保证砂石料单价准确可靠。

4.3.1　自采砂石料的生产工序

自采砂石料单价是指从料场覆盖层清除、毛料开采运输、预筛分破碎、筛洗贮存到成品运至混凝土拌制系统骨料仓的全部生产过程所发生的人工费、材料和施工机械使用费。根据料源情况、开采条件和工艺流程计算，并计入直接工程费、间接费、企业利润和税金。砂石料生产的主要工序如下所示：

（1）覆盖层清除。开挖清理料场表面的杂草、树木、腐殖土或风化岩石及夹泥层，并将其运送到施工组织设计选定的地方。

（2）毛料开采运输。按施工组织设计选定的施工方法开采料场砂砾料或岩石，并运至筛分场毛料场。

（3）预筛分。将毛料中的超经石（$d>150$mm）隔离。

（4）超径石破碎。将隔离的超径石用破碎机破碎。

（5）筛洗加工。通过筛分楼和洗砂机将混合砂石料分离为设计需要的不同粒径组（$d<5$mm，$d=5\sim20$mm，$d=20\sim40$mm，

$d = 40 \sim 80mm$，$d = 80 \sim 150mm$）的骨料。

（6）中间破碎。由于生产和级配平衡的需要，将一部分多余的大粒径骨料再进行破碎加工。

（7）成品运输。将各种粒经组的成品运到储料场。

（8）二次筛分。成品骨料经长距离运输或长期堆放，造成逊径或含泥量超过规定，需要进行第二次筛分。

（9）机制砂。当缺乏天然砂时，可采用机械设备将碎石制成人工砂。

以上各工序可根据料场天然级配和混凝土生产需要，在施工组织设计中确定其取舍与组合。新的部颁概算定额和预算定额，改变了"88"《概算定额》和"87"《预算定额》用工序单价系数法编制砂石料单价的方法，而采用按定额计算的方法，需要根据施工组织设计确定的砂石备料方案和工艺流程选择相应定额子目计算各加工工序单价，然后累计计算成品单价。

骨料成品单价包括开采、加工、运输计算至搅拌楼(机）前调节料仓或与搅拌机上料胶带输送机相接为止。

4.3.2 自采砂石料单价计算

1. 搜集基本资料

搜集基本资料是保证砂石料单价计算准确可靠的前提，其基本资料为以下几点：

（1）料场位置、地形、工程地质和水文地质条件，开采与运输条件。

（2）料场储量、可开采量，需要清除的覆盖层厚度、性质、数量及其占毛料开采量的比例与清除方法，各料场开采量占总开采量的比例。

（3）毛料开采运输、预筛分破碎、筛洗加工、废料处理及成品料堆存运输的施工方法。

（4）料场砂砾料的天然级配、各种级配的混凝土工程量及设计成品骨料需要量和综合级配、级配平衡计算成果。

（5）砂石料生产系统工艺流程及设备配置与生产能力。

2. 确定砂石料单价计算参数

（1）覆盖层清除摊销率。覆盖层清除量占设计成品骨料量的百分比为覆盖清除摊销率，即：

覆盖层清除摊销率 = 覆盖层清除量 ÷ 成品骨料量 × 100%

如有若干个料场，应分别计算。

（2）弃料处理摊销率。天然砂石料筛洗加工成合格骨料过程中产生的弃料总量是毛料开采量与设计成品骨料量之差，它包括天然级配与设计级配不同而产生的级配弃料、超径弃料、筛洗剔除的杂质和含泥量以及施工损耗。在砂石料单价计算中，施工损耗在定额中已经考虑，不再计入弃料处理摊销率，只对超径弃料和级配弃料（包括筛洗剔除的杂质与含泥量）分别计算摊销率。如施工组织设计规定某种弃料需挖装运送到指定弃料地点时，弃料运输费用应按相关定额子目计算出费用后再计算摊销率摊入骨料成品单价。

超径摊销率 = 超径弃料量 ÷ 设计成品骨料量 × 100%

级配摊销率 = 级配弃料量 ÷ 设计成品骨料量 × 100%

如果采用机制砂，还应计算机制砂加工过程中石粉废料清除摊销率。即：

机制砂石粉废料处理摊销率 = 石粉废料量 ÷ 成品砂量 × 100%

3. 砂石料加工工序单价计算

（1）覆盖层清除单价应根据施工组织设计确定的清除方式，按一般土石方定额以自然方计算，并按覆盖层的清除摊销率计入砂石料单价内。

（2）毛料采运单价根据施工组织设计确定的施工方法，按定额“砂石备料部分”相应分项定额以成品方计算。当从几个料场开采砂石料或水上、水下开采时，应分项编制单价，然后采用加权平均计算毛料采运综合单价。

（3）毛料破碎、筛洗加工单价根据施工组织设计的工序流程，按定额“砂石备料部分”相应分项定额，破碎以成品重量（t）计算，筛洗加工以成品方计算。计量单位间的换算如无实测资料时，可用定额参考数据换算。毛料加工工序单价因毛料来源不同而异，天然砂石料加工单价包括预筛分、超径石破碎、筛洗、中间破碎、二次筛分、堆存及弃料清除等工序单价；人工砂石料加工单价包括毛料粗碎、中碎、细碎筛分、冲洗、成品堆存及弃料清除等工序单价。

（4）弃料单价应为弃料处理工序的砂石单价，应按照每一工艺流程所抛弃的弃料量与成品量的比例摊入骨料单价。若弃料需经挖装运输至指定弃料的地点时，其运费按清除的施工方法，采用相应的定额计算，并依照弃料比例摊入骨料单价。

（5）成品料运输单价是指由砂石料生产系统的成品料堆贮场运至混凝土拌和系统骨料堆存场或储料仓所发生的装卸、运输、堆存的各项费用，该费用应根据运输条件和运输方式计算。

4. 砂石料综合单价

（1）按定额子目计算出的加工工序单价累计相加构成基本单价。

（2）覆盖层清除单价、弃料单价和弃料处理单价分别乘以相应的摊销率相加构成附加单价。

（3）基本单价和附加单价两者之和构成该料场的砂石料计算单价。

（4）弃料利用于其他工程或销售的部分，应按比例降低上述计算单价。

（5）如有几个料场或生产系统，应根据各料场或生产系统所担负的比例，加权平均计算该工程的砂石料成品综合单价。

4.3.3 外购砂石料单价计算

针对地方兴建的小型水利水电工程，因砂石料用量较少，不宜自采砂石料或当地砂石料缺乏，储量远远不能满足工程需要，这时便可到附近砂石料场另外采购。外购砂石料单价包括原价、运杂费、损耗、采购保管费4项费用，其计算公式为：

$$外购砂石料单价 = (原价 + 运杂费) \times (1 + 损耗率) \times (1 + 采购保管费率)$$

式中：原价指砂石料产地的销售价。

运杂费指由砂石料产地运至工地砂石料堆料场所发生的运输费、装卸费等。

损耗包括运输损耗和堆存损耗两部分，其损耗率可参照下列费率计算：

每转运一次的运输损耗率为：砂1.5%，碎石1%。

堆存损耗率=砂(石)料仓(堆)的容积×3%(碎石用2%)÷通过砂(石)料仓(堆)的总堆存量×100%。

采购保管费率应为3%，其中包括材料运输、保管过程中所发生的损耗等。由于砂石料运输及堆存的损耗较大，已单独列项，故砂石料的采购保管费应扣除损耗因素，扣除后的费率一般采用2%~3%，贵州黔水建〔1999〕110号文规定为2.2%。

第4节　施工用电、水、风预算单价

水利水电工程施工中，对电、水、风的需求量很大，其预算价格直接影响施工机械台班费用的高低。为此，在编制工程造价时，要根据施工组织设计确定的电、水、风供应方式，设备配置情况或施工单位积累的实际资料，分别计算其单价。

4.4.1　施工用电

水利水电工程施工用电的电源有两种供电方式：一种由国家或地方电网及其他电厂供电的外购电；另一种则由建设或施工单位自建发电厂供电的自发电。

施工用电的分类，按用途可分为生产用电和生活用电两部分。生产用电系指直接计入工程成本的生产用电，包括施工机械用电、施工照明用电和其他生产用电。生活用电系指生活及文化福利建筑的室内、外照明和其他生活用电。水利水电工程概算中的电价计算范围仅指生产用电，而生活用电因不直接用于生产，应在间接费内开支或由职工负担，不在施工用电电价计算范围内。

施工用电价格，由基本电价、电能损耗摊销和供电设施维修摊销费三部分组成。

1. 基本电价

外购电的基本电价，指按规定所需支付的单位供电价格，包括电网电价、电力建设资金、燃运加价等。自发电的基本电价，系指发电厂的单位发电成本。

2. 电能损耗摊销费

（1）外购电电能损耗摊销费。指从施工企业与供电部门的产权分界处起到现场各施工点最后一级降压变压电器低压侧止，在所有变配电设备和输配电线路上所发生的电能损耗摊销费。包括由高压电网到施工主变压器高压侧之间的高压输电线路损耗和由主变压器高压侧至现场各施工点最后一级降压变压器低压侧之间的变配电设备及高压配电线路损耗两部分。

（2）自发电电能损耗摊销费。指从施工企业自建发电厂的出线侧至现场各施工点最后一级降压变压器低压侧，在所有变配电设备和输配电线路上发生的电能损耗费用。从最后一级降压变压器低压侧至施工用电点的施工设备和低压配电线路损耗，已包括在各用电施工设备、工器具的台班耗电定额内，电价中不再考虑。

电价计算公式如下：

$$\text{电网供电价格} = \text{基本电价} \div (1 - \text{高压输电线路损耗率}) \div (1 - \text{变配电设备及高压配电线路损耗率}) + \text{供电设施维修摊销费}$$

$$\text{柴油发电机供电价格} = \frac{\text{柴油发电机组班总费用} + \text{水泵组(台)时总费用}}{\text{柴油发电机额定容量之和} \times K} \div (1 - \text{厂用电率}) \div (1 - \text{变配电设备及配电线路损耗率}) + \text{供电设施维修摊销费}$$

柴油发电机供电如采用循环冷却水，不用水泵，则电价计算式为：

$$\frac{\text{柴油发电机}}{\text{供电价格}}=\frac{\text{柴油发电机组（台）时总费用}}{\text{柴油发电机额定容量之和}\times K}\div(1-\text{厂用电率})\div(1-\text{变配电设备及配电线路损耗率})+\text{循环冷却水费}+\text{供电设施维修摊销费}$$

式中 K——发电机出力系数，一般取0.8～0.85；

厂用电率取4%～6%；

高压输电线路损耗率取4%～6%；

变配电设备及配电线路损耗率取5%～8%；

供电设施维修摊销费取0.02～0.03元/(kW·h)；

单位循环冷却水费取0.03～0.05元/(kW·h)。

3. 供电设施维修摊销费

供电设施维修摊销费指摊入电价的变、配电设备的基本折旧费、大修理折旧费、安装拆除费、设备及输电线路的运行维护费等等。

4.4.2 施工用水

水利水电工程建设的施工用水包括两大部分，即生产用水和生活用水。生产用水指直接进入工程成本的施工用水，包括施工机械用水、砂石料筛洗用水、混凝土拌制养护用水、钻孔灌浆生产用水等。生活用水主要指用于职工、家属的饮用和卫生洗涤等的用水。

水利水电建设工程造价中的施工用水水价仅指生产用水的水价。生活用水因不直接用于工程施工，属于间接费用开支和职工自行负担的范围，不在水价计算之内。如生产、生活用水采用同一系统供水，凡为生活用水而增加的费用，均不应归入生产用水的单价内。生产用水如需分别设置几个供水系统，则可按各系统供水量的比例加权平均计算综合水价。

1. 施工用水水价

施工用水水价是根据施工组织设计所配置的供水系统设备（不包括备用设备），按组（台）时总费用除以组（台）时总出水量并考虑损耗和摊销计算的单位水量价格。其计算式如下所示：

$$施工水价=\frac{水泵组(台)时总费用}{水泵额定容量之和\times K}\div(1-供水损耗率)+供水设施维修摊销费$$

$$供水损耗率=\frac{损失水量}{水泵总水量}\times 100\%$$

式中　K——能量利用系数，一般取0.75～0.85；

供水损耗率——与贮水池及输送管路的设计、施工质量和维修管理的好坏有直接关系，在概算阶段可取8%～12%，在预算阶段，如果有实测资料，应根据实测数据计算；

供水设施维修摊销费——摊入水价的水池、供水管路的维护修理费，一般生活用水和生产用水的摊销费难于分开，可参考取0.02～0.03元/m^3计算，对于中小型工程或多级供水系统取小值，对于大型工程或一级、二级供水系统取大值；

损失水量——施工用水在储存、输运、处理过程中所造成的水量损失。

施工用水为多级提水并中间有分流时，要逐级计算水价。施工用水有循环用水时，水价要根据施工组织设计的供水流程计算。

2. 水价简化计算

在编制投资估算或编制概算时，由于设计深度不够，不能按上述方法详细计算时，可采用简化计算。其计算公式为：

$$水价 = 固定费用 + 可变费用$$

式中　固定费用——包括水泵的一类费用、机上人工工资、水池和管道等的维护摊销费和水量损耗所增加的费用，应据实确定；可变费用即电费。

各费用指标可参考表4.3及表4.4。

表 4.3 水价简化计算（固定费用）

主要供水系统一级泵站设计出水量（m^3/h）	固定费用（元/m^3）	
	一级、二级泵站供水方式	三级及以上泵站供水方式
300 以下	0.131	0.158
300～800	0.101	0.126
800 以上	0.069	0.083

注 1. 可依出水量最大的主要供水系统的一级泵站为代表直接选取指标。

2. 本表系按 DA 型多级离心水泵计算的，如选用 BA 型和 SH 型水泵，其固定费用均小于本表中的指标。

表 4.4 水价简化计算（可变费用）

主要供水系统加权平均扬程	耗电量[（kW·h）/m^3]	电价［元/（kW·h）］	
		0.23	0.50
		可变费用（元/m^3）	
0	0.15	0.035	0.075
30	0.27	0.062	0.135
50	0.50	0.12	0.25
60	0.58	0.13	0.29
80	0.68	0.16	0.34
100	0.84	0.19	0.42
120	1.00	0.23	0.50
150	1.25	0.29	0.63
170	1.45	0.33	0.73
200	1.75	0.40	0.88
220	1.93	0.44	0.97
250	2.13	0.49	1.10
270	2.28	0.52	1.14
300	2.44	0.56	1.22

注 主要供水系统的加权平均扬程是按各级泵站的供出水量为权数进行加权计算而得出的扬程。

3. 计算水价时应注意的几个问题

（1）当施工工地分散时，可根据需要分设几个生产供水系统，在编制工程造价时，可以分别计算各供水系统的水价，也可统一计算综合水价。

（2）如生产、生活采用同一供水系统，为满足生活用水要求而增加的费用（如净化设备、药品费等）不应摊入生产用水单价内。

（3）在供水系统均为一级供水时，水泵组（台）时总出水量按全部工作水泵的总出水量计算。供水系统为多级供水，且全部通过最后一级水泵，则组（台）时总出水量按最后一级工作水泵的出水量计算；若有一部分不通过最后一级，而由其他各级分别供水时，其组（台）时总出水量为各级出水量的总和，组（台）时总费用包括所有各级工作水泵的组（台）时费。

（4）在计算组（台）时总出水量和组（台）时总费用时，在总出水量中，如不包括备用水泵的出水量，则组（台）时总费用中，也不应包括备用水泵的组（台）时费；反之，若计入备用水泵的出水量，则组（台）时总费用中也应计入备用水泵的组（台）时费。

【例2】 某水电工程施工用水为二级泵站供水，一级泵站设 4DA8 ×5 水泵 4 台（其中备用 1 台），包括管道损失在内的扬程为 80m，二级泵站设 4DA8 ×8 水泵 3 台，其中备用 1 台，包括管道损失在内的扬程为 120m。按设计要求，一级泵站每班直接供给用户的水量为 150m^3，二级泵站每班供水量为 620m^3。已知水泵的出力系数均为 0.80，损耗率 15%，摊销费 0.015 元/m^3，4DA8 ×5 水泵台班费 28.3 元，4DA8 ×8 水泵台班费 48.3 元。试计算该工程施工用水水价。

求解步骤：

（1）按水泵扬程—流量关系曲线查得：

扬程为 80m 时，4DA8 ×5 水泵出流量 54m^3/(台时)；

扬程为 120m 时，4DA8 ×8 水泵出流量 65m^3/(台时)。

（2）验证水量：

一级泵站每班出水量 $=54\times3\times8\times0.75\times0.8=777.6\mathrm{m}^3>770\mathrm{m}^3(150+620)$

二级泵站每班出水量 $=65\times2\times8\times0.75\times0.8=624\mathrm{m}^3>620\mathrm{m}^3$

两级泵站均满足设计供水要求，且相差不大，可按设计供水量计算水价。

（3）水价计算：

台时总费用 = $(28.3\times3+48.3\times2)\div8=22.69$ 元

台班总出水量 = $(150+620)\div8=96.25\mathrm{m}^3$

$$水价=\frac{水泵组(台)时总费用}{水泵额定容量之和\times K}\div(1-供水损耗率)+供水设施维修摊销费$$

$$=22.69\div96.25\div(1-15\%)+0.015=0.292\ 元/\mathrm{m}^3$$

4.4.3 施工用风

在水利水电工程施工中，施工用风主要用于石方爆破钻孔、混凝土浇筑、基础处理、金属结构、机电设备安装工程等风动机械所需的压缩空气。

施工用风可由移动式空压机或固定式空压机两种方式供给。在大中型工程中，一般都采用多台固定式空压机集中组成压气系统，并以移动式空压机为辅助。为了保证风压和减少管路损耗，水利水电工程施工工地一般采用分区布置供风系统，如左坝区、右坝区、厂房区等。各区供风系统，因布置形式和机械组成不一定相同，因而各区的风价也不一定相同，此种情况下应采用加权平均的方法计算综合风价。

1. 风价的组成与计算

施工用风价格的组成由基本风价、供风损耗摊销费、供风管道维修摊销费三项组成，可用下式计算：

$$\frac{施工用}{风价格}=\frac{空压机组(台)时总费用+水泵组(台)时总费用}{空压机组额定容量之和\times60\mathrm{min}\times K}\div(1-供风损耗率)+供风设施维修摊销费$$

或 $\frac{\text{施工用}}{\text{风价格}}=\frac{\text{空压机组(台)时总费用}}{\text{空压机组额定容量之和}\times 60\text{min}\times K}$

$\div$（1 - 供风损耗率）+ 单位循环冷却水费

\+ 供风设施维修摊销费

式中 K——空压机能量利用系数，一般取0.7～0.85。

供风管道维修摊销费费用数值较小，编制概算时可采用经验数值而不进行具体计算，一般采用0.002～0.003元/m^3。编制预算时，若实际资料不足无法进行具体计算时，也可采用上述建议值。

供风损耗摊销费是指由压气站至用风工作面的固定供风管道，在输送压气过程中所发生漏气损耗和压气在管道中流动时的阻力损耗摊销费用，损耗及损耗摊销费的大小与管道长短、管道直径、闸阀和弯头等构件多少、管道敷设质量、设备安装高程的高低等因素有关。供风损耗率一般占总风量的8%～12%。风动机械本身的用风损耗，不在风价中计算，它已被包括在该机械台班耗风定额中。

【例3】 某水利水电工程施工用风，共设置左坝区和右坝区两个压气系统，总容量为187m^3/min。配置40m^3/min的固定式空压机1台，预算价格为124元/台时；20m^3/min的固定式空压机6台，预算价格为75.13元/台时；9m^3/min的移动式空压机3台，预算价格为38.05元/台时；冷却用水泵11kW的2台，预算价格为7.4元/台时。其他资料：空气压缩机能量利用系数0.85，风量损耗率15%，摊销费0.002元/m^3，试计算施工风价。

解 （1）台时总费用 $=124+75.13\times6+38.05\times3+7.4\times2=$ 703.74元。

（2）台时总供风量 $=187\times60\times0.75=8415m^3$。

（3）施工用风价格 = 基本风价 ×（1 - 供风损耗率）+ 供风管道维修摊销费 $=\frac{703.74}{8415}\div(1-15\%)+0.002=0.10$ 元/m^3。

2\. 风价简化计算

编制投资估算或在初步设计阶段编制概算时，如果缺乏必要的计算资料，即可用简化计算的方法计算风价。

简化计算时，将施工用风价格分为固定费用和可变费用两部分。其中，固定费用指空压机的一类费用、人工费、冷却水费、供风管道维修摊销费和风量损耗摊销费之和；可变费用指动力消耗费，用耗电指标表示。施工用风价格简化计算公式为：

施工用风价格 = 固定费用 + 可变费用

计算施工用风价格时可参考表4.5。

表4.5　风价简化计算取值

工程规模	组成压气系统的主体空压机(m^3/min)	固定费用(元/m^3)	耗电指标[(kW·h)/m^3]	电价[元/(kW·h)] 0.23	电价[元/(kW·h)] 0.50
				参考风价(元/m^3)	
中小型	10	0.042	0.16	0.079	0.127
中　型	20	0.037	0.15	0.072	0.112
大中型	40	0.030	0.13	0.060	0.095
大　型	60	0.023	0.11	0.048	0.078

注　压气系统中配置的主体空压机（指在该压气系统中，这种空压机容量之和在总容量中占比例最大）如已确定，可按上表计算风价。如主体空压机尚未确定，只能根据工程规模，按上表粗估风价。

第5节　施工机械台班（台时）费

过去，我国在水利水电工程和工业与民用建设工程的造价管理中，施工机械使用费的计算是以施工机械台班费来核算的，随着工程造价改革的深入，目前水利工程与水电工程已改为采用施工机械台时费来核算。施工机械台时费指施工机械正常运行的前提下，分期摊销的各项费用之和折合成一个台时的平均费用。一个机械台班即一台机器工作一个班8h，所以施工机械台班费与施工机械台时费的关系就是：台班费 ÷ 8 = 台时费。为了方便，本文沿仍用施工机械台班费加以叙述。

随着施工机械化水平的不断提高，施工机械台班费在工程投资中所占的比例也越来越大。现有的施工机械台班费定额常常不能满足工程概预算的要求，必须结合工程的具体条件另作一些补充计算。

4.5.1 施工机械台班费的组成内容

水利水电工程施工机械台班费包括三类费用。

第一类费用由折旧费、修理及替换设备费和安装拆卸费用组成。施工机械台班费定额中一类费用按定额编制年的物价水平以金额形式编制，编制台班费时应按主管部门发布的调整系数进行调整。

第二类费用是施工机械正常运转时机上人工及动力、燃料、材料消耗费。定额按台班机上人工工日和实物消耗量编列，编制台班费时一般不作调整。

第三类费用是每台班应摊销的税费，主要包括养路费、牌照税、车船使用税及保险费等，应按各省、自治区、直辖市现行规定收费标准计算，不领取牌照、不交纳养路费的非车、船施工机械不计算。

4.5.2 施工机械台班费的计算

1. 折旧费

折旧费计算公式为：

台班折旧费 = 机械预算价格 ×（1 - 残值率）÷机械耐用总台班

或

台班折旧费 = 机械预算价格 × 年折旧费率 ÷ 年工作台班

式中：

机械预算价格 = 机械原价 + 运杂费。

运杂费一般按原价的5% ~7%计算或按实际资料确定。

残值率为机械达到使用寿命需要报废时的残值，扣除清理费后占机械预算价格的百分率，即：

残值率 =（机械残值 - 清理费）÷机械预算价格 ×100%。

残值率一般可按预算价格的4%左右计算。

机械耐用总台班是指机械在使用期内运转总台班数，可参考有关资料确定。

2. 大修理费

一次大修理费可按所需人工费、材料费、机械使用费计算，也可按一次大修理费占机械预算价格的百分率计算，其百分率参考实际资料确定。大修理费计算公式为：

台班大修理费 = 一次大修理费 × 大修次数 ÷ 机械耐用总台班。

台班大修理费 = 机械预算价格 × 年大修理基金提成率 ÷ 年工作台班。

大修理次数是机械在使用期限内需进行大修理的总次数，可按下式计算：

大修理次数 = （耐用总台班 ÷ 大修理间隔台班）－1。

3. 经常修理费

经常修理费包括修理费、润滑材料及擦拭材料费两部分。

（1）修理费。包括中修和保养，一般按大修间隔内的平均修理费计算，其计算式为：

台班修理费 = 大修理间隔期内修理费之和 ÷ 大修理间隔期总台班 =（平均一次中修费 × 中修次数）÷ 大修间隔台班 +（平均一次各级保养费用 × 各级保养次数）÷ 大修间隔台班。

为了简化计算，可将大修理的工时消耗和材料消耗作为基数，根据统计资料求出中修、保养所耗用工时及材料所占的比例。

表 4.6 是某水电工程局推荐的统计资料。

表 4.6　　中修、保养所耗用工、料占大修理百分比　　（%）

检修类别	中修	一保	二保	三保	四保
工时消耗占大修	80	2	5	20	41
材料消耗占大修	20	5	10	25	60

在资料难以取得的情况下，即可按以上占大修理费的百分率的办法，对典型机械进行统计来计算。

（2）润滑材料及擦拭材料费计算公式为：

台班润滑材料及擦拭材料费 = 机械设备年润滑及擦拭材料费 ÷ 年工作台班。

式中　润滑油脂的耗用量一般可按机械台班耗用燃料油量的百分比计算，柴油机械按 6%，汽油机械按 5%，其他油及棉纱头等耗用量据实估算。

以上两项费用虽然都列有计算公式，但由于各项的数据往往难于取得。因此，在实际计算中，一些单位在编制修理定额时，往往用经常修理费占大修理费的百分率来计算。其中经常修理费率通过对典型机械的测算来确定。因此，其简化计算公式为：

台班经常修理费 = 台班大修理费 × 经常修理费率。

经常修理费率 = （典型机械台班修理费 ÷ 典型机械台班大修理费） ×100%。

4. 替换设备及工具、附具费

替换设备及工具、附具费指机械正常工作所需更换的设备工具、附具费摊销机械台班的费用，其计算式为：

台班替换设备及工具附具费 = 年替换设备及工具附具费 ÷ 年工作台班。

几种施工机械替换设备及工具、附具数量可参考表 4.7。

表 4.7　　替换设备及工具、附具数量参考表　　单位：m

机械名称	替换设备及工具、附具名称	年需要数量
空压机	胶皮管	50
电焊机	橡皮软线 $50mm^2$	100
对焊机	橡皮软线 $50mm^2$	20
混凝土振捣器	软线	30
凿岩机	高压胶皮管	20
水泵	弹簧软管	8
塔式起重机：2～6t	电缆线	80

续表

机 械 名 称	替换设备及工具、附具名称	年需要数量
15t	电缆线	120
25t	电缆线	140
40t	电缆线	150
（自升）10t	电缆线	200
龙门起重机	电缆线	200
其他电动机	（小型）电缆线	10
其他电动机	（大型）电缆线	50

5. 安装拆卸及辅助设施费

安装拆卸及辅助设施费计算公式为：

台班安装拆卸及辅助设施费 = 台班大修费 × 安拆费率。

式中

安拆费率 =（典型机械安装拆卸及辅助设施费 ÷ 典型机械台班大修理费）×100%

如前所述，部分大型和特大型施工机械的安装拆卸及辅助设施费另列于临时性工程，不包括在施工机械台班费中。

6. 保管费

台班保管费计算公式为：

台班保管费 = 机械预算价格 ÷ 机械年工作台班 × 保管费率。式中，保管费率的大小与机械预算价格有直接的关系。机械预算价格大，保管费率小；反之，机械预算价格小，保管费率大。保管费率通常在0.15% ~1.5%范围内。中国水利水电第十二工程局经过实践，提出如下修正的经验公式：

$$\text{台班保管费} = \text{台班机上人工数} \times K_{\text{保}}$$

$$K_{\text{保}} = H \cdot G \cdot Z \cdot J$$

$$H = \left(\text{年日历天数}365 - \frac{\text{年台班数}}{\text{日工作班制}}\right) \div \text{年台班数}$$

$$G = \text{日工资预算单价} \div \text{出勤率}$$

式中 H——闲置系数；

G——实际出勤工日工资预算单价；

Z——闲置期间人员调整系数，取70%；

J——闲置期间设备维护管理消耗的材料费用系数，一般按人工费的10%计算，即取1.10。

7. 机上人工工资

台班机上人工工资按下式计算：

台班机上人工工资＝机上人工工日数×人工（中级工）预算单价。

8. 动力、燃料费

（1）电动机械台班电力消耗量计算公式：

$$台班电力消耗量(kW \cdot h) = 8 \cdot k \cdot N$$

$$K = K_1 \cdot K_2/(K_3 \cdot K_4)$$

式中 K——电动机综合利用系数；

K_1——电动机时间利用系数，一般取0.4～0.6；

K_2——电动机能量利用系数，一般取0.5～0.7；

K_3——低压线路电力损耗系数，一般取0.95；

K_4——平均负荷时电动机有效利用系数，一般取0.78～0.88；

N——电动机额定功率，kW。

（2）内燃机械台班燃料消耗量计算公式：

台班燃料消耗量(kg) ＝ 8 × 额定耗油量 × 额定功率 × 发动机综合利用系数

式中，额定耗油量单位为kg/(kW·h)，额定功率单位为kW，发动机综合利用系数由下式计算：

发动机综合利用系数＝发动机时间利用系数×发动机能量利用系数×单位油耗修正系数×油料损耗增加系数。

发动机综合利用系数一般为0.2～0.4。

（3）蒸汽机械台班水、煤消耗量计算公式：

台班水(煤) 消耗量(kg) ＝8×蒸汽机额定功率 ×额定水(煤) 单位耗用量

×蒸汽机综合利用系数

式中，额定功率单位为 kW，额定水（煤）耗用量单位为 kg/(kW·h)。对于综合利用系数，机车取 0.14～0.80，锅炉、打桩机取 0.55～0.75。

（4）风动机械台班压气消耗量计算公式：

台班压气消耗量（m^3）=480×风动机械压气消耗量×风动机械综合利用系数

式中，风动机械压气消耗量单位为 m^3/min，综合利用系数可取 0.6～0.7。

9. 车船使用税和养路费

该项费用一般情况下不需支付，如施工机械要通过公用车道，需按当地规定缴纳车船使用税及养路费，可按下式计算：

台班养路费和车船使用税 = 载重（或额定吨位）×每吨月养路费×年工作月÷年工作台班+年车船使用税÷年工作台班。

【例 4】 试计算 QTP-80 外爬式塔式起重机台班费。基础资料如下：

（1）出厂价 30.5 万元，运杂费率 5%。

（2）设备使用年限 19 年，年工作台班 250 个，耐用总台班 4750 个，残值率 4%。

（3）大修理次数 2 次，一次大修理费占设备预算价格的 4%。

（4）台班经常修理费占台班大修理费的 231%。

（5）台班替换设备费占台班大修理费的 88%。

（6）安装拆卸及辅助设施费，由于建筑塔机的特点，按规定单独计算，不列入台班费。

（7）年保管费占设备预算价格的 0.25%。

（8）动力、燃料费。电动机总容量 53.4kW（其中主机容量 30kW），时间利用系数 0.4，能量利用系数 0.5，电动机效率 0.88，低压线路损耗系数 0.95。

（9）机上人工 2 个，预算工资 15.56 元/工日。

（10）电价0.5元/(kW·h)。

解 设备预算价格=30.50×1.05=32.025万元。

第一类费用：

（1）折旧费=320250×(1-4%)4750=64.72元/台班。

（2）大修理费=320250×4%×24750=5.39元/台班。

（3）经常修理费=5.39×231%=12.45元/台班。

（4）替换设备及工具、附具费=5.39×88%=4.74元/台班。

（5）保管费=320250×0.25%250=3.20元/台班。

第一类费用小计：90.50元/台班。

第二类费用：

（1）机上人工工资=15.56×2=31.12元/台班。

（2）耗电费=53.4×8×0.4×0.5×10.88×0.95=102.30元/台班。

第二类费用小计：133.42元/台班。

台班费用=第一类费用+第二类费用=90.5+133.42=223.92元/台班。

台时费用=台班费用÷8=223.92÷8=27.99元/台时。

2002年水利部水总〔2002〕116号文颁布了新的《水利工程施工机械台时费定额》，自2002年7月1日起执行。该定额按2000年价格水平计算，一类费用分为折旧费、修理及替换设备费和安装拆卸费。其中的修理及替换设备费即包括了上述大修理费、经常修理费、替换设备及工具、附具费。安装拆卸费指机械进出工地的安装、拆卸、试运转和场内转移及辅助设施的摊销费用。不需要安装拆卸的施工机械，台时费中不计列此项费用。

第6节 建筑工程单价

4.6.1 土方工程单价

1. 土方工程的分类

土方工程包括土方开挖和土方填筑两大类。按施工方法可分为人力施工、半机械化施工和机械化施工三种。其中，人力施工和半机械化施工适用于工程量较少的土方工程或地方水利水电工程。

2. 使用定额编制土方工程概算单价时应注意的主要问题

（1）定额计算单位有自然方、松方、实方三种类型，工序主要包括土方开挖、运输、备料、回填压实等。

（2）机械定额中，凡一种机械名称之后，同时并列几种型号规格的，如压实机械中的羊足碾、轮胎碾，运输定额中的自卸汽车等，表示这种机械只能选用其中一种型号规格的机械定额进行计价。凡一种机械分几种型号规格与机械名称同时并列的，表示这些名称相同规格不同的机械定额都应同时进行计价。

（3）凡定额子目以运输距离划分的，当计算的概算单价需要选用的定额介于两子目之间时，可采用内插法调整，但增运定额若不足一个增运单位时（如1km），可按一个增运单位的定额计划。

（4）定额中以金额表示零星材料费或其他机械使用费，一般应按有关规定逐年乘以一定的调整系数。

3. 土方工程单价计算

（1）土方开挖、运输单价。土方开挖、运输单价是指从场地清理到将土运输到指定地点所需的各项费用。

影响土方开挖工效的主要因素有：土的类别、运土距离、施工方法、施工条件等，因此正确确定这些参数是编制工程单价的关键所在。

土的类别分为4个等级，一般情况下，土的级别越高，开挖的难度越大，工效越低，相应的开挖单价也就越高。开挖形状有沟槽、柱坑等，其断面越小、深度越深时，对施工工效的影响就越大。施工条件不同，开挖的工效也就不同，如水下开挖施工难度大于水上开挖施工难度。运输距离越长，所需时间也就越长。合理的运输距离应为挖土区的平面中心位置至弃土区（堆土区）

的中心位置之间的距离，人力运输要考虑高差折平问题。

土方工程单价计算按照挖、运不同施工工序，可采用综合定额计算法和综合单价计算法。

所谓综合定额计算法就是先将选定的挖、运不同定额子目进行综合得到一个挖、运综合定额，而后根据综合定额进行单价计算。综合单价计算法就是按照不同的施工工序选取不同的定额子目，然后计算出不同工序的分项单价，最后将各工序单价进行综合。

上述两种计算方法可根据具体工程情况灵活选用，对于某道工序重复较多时，可采用综合单价法，这样可以避免每次计算该道工序单价的重复性。如挖土定额相同，只是运输定额不同，这样就可以计算一个挖土单价，与不同的运输单价组合，而得到不同的挖、运单价。采用综合定额计算单价有其突出优点，由于其人工、材料、机械使用数量都是综合用量，这就大大减轻了计算程序，给工料计算分析带来极大方便。

【例5】 某水利水电枢纽工程坝基土方开挖，采用 $1m^3$ 油动挖掘机挖装，10t 自卸汽车运 3.5km 至弃料场弃料，试计算土方开挖单价。

解 基本资料及分析计算如下：

（1）土方为Ⅲ类土。

（2）人工费：中级工为5.62元/工时，初级工为2.55元/工时。

（3）机械台时费：$1m^3$ 油动挖掘机 126.12 元/台时，59kW 推土机 64.68 元/台时，10t 自卸汽车 90.66 元/台时。

（4）取费费率：其他直接费 2%，现场经费 9%，间接费 9%，企业利润 7%，税金 3.22%。

（5）定额分析：根据施工因素，查水利部2002年颁发的《水利建筑工程概算定额》（以下简称“2002”《概算定额》）第1~36节，汽车运距3.5km，介于定额子目 10624 与 10625 之间，则需采用内插法计算。由定额内容可知，除汽车台时定额数量两定额子目不一样，其余都一样，故只需对汽车台时定额数量进行内插法计算，计算结果为10.24台时。

这里要注意：用“2002”《概算定额》，零星材料费按人工费、机械费之和的百分率计算；挖掘机定额按油动拟定，不须调整；自卸汽车定额类型为一种名称后列不同型号规格，因此，只能选用其中的一种，本例中选10t自卸汽车的定额。

土方挖运单价计算参见下表4.8所示，计算结果为15.44元/m³。

表4.8　　土方挖运单价分析表　　100m³ 自然方

施工方法：1m³ 油动挖掘机挖装10t自卸汽车运3.5km弃料

定额编号：10624，10625

序号	费用名称	单位	数量	单价（元）	合价（元）	备注
1	直接工程费				1282.54	
1.1	直接费				1155.44	
1.1.1	人工费（初级工）	工时	7	2.55	17.85	
1.1.2	零星材料费	%	4	(17.85+1093.15)	44.44	
1.1.3	机械使用费				1093.15	
	挖掘机1m³ 油动	台时	1.04	126.12	131.16	
	推土机59kW	台时	0.52	64.68	33.63	
	自卸汽车10t	台时	10.24	90.66	928.36	
1.2	其他直接费	%	2	1155.44	23.11	
1.3	现场经费	%	9	1155.44	103.99	
2	间接费	%	9	1282.54	115.43	
3	企业利润	%	7	1397.97	97.86	
4	税金	%	3.22	1495.83	48.17	
	单价合计				1544.00	

（2）土方回填压实单价。土方回填压实施工程序一般包括料场覆盖层清除、土方开采运输和辅土压实三大工序。

1）料场覆盖层清除：根据填筑土料的质量要求，料场表层覆盖的杂草、乱石、树根及不合格的表土等必须予以清除，以确保土方的填筑质量。

2）土方开采运输：土料开采运输方式一般有人力挖运、铲运机铲运、推土机推运、挖掘机或装载机配合自卸汽车运输、胶带输送机等，应根据具体工程规模、施工条件拟定合理的施工方案，以提高机械生产效率，降低土料成本。

3）压实：指将卸料后松散土经过一定的夯实工序，使其达到设计要求的干容重指标的过程。土方压实的常用施工方法及压实机械有以下几种。

①夯实法：靠夯体下落的动荷重的作用，使土壤结构重新排列而达到密实。压实机械有打夯机（挖掘机改装）、蛙式打夯机、木石硪夯、石片硪夯、石磙硪夯等。一般适用于工程量小、工作面狭窄等情况。

②碾压法：靠碾磙本身重量的静荷重作用，使土粒相互移动排列组合而达到密实。压实机械有羊足碾、平碾、轮胎碾等，主要适用于工程量大、工作面宽的粘性土料或砂性土料。

③振动法：主要靠机械的振动作用，使土粒结构发生相对位移而使其压实。主要机械为振动碾，适用于砂砾料和无粘性土等情况。

土方填筑单价与上述工序相对应，一般包括覆盖层清除摊销费、土料开采运输单价、土料翻晒备料单价、压实单价四部分，具体组成内容应根据施工组织设计确定的施工因素来选择。

在计算土方填筑单价时，应注意定额单位的统一，如开挖运输定额为100m^3自然方，压实定额为100m^3实方，这时要将自然方折算成实方。

土方回填压实单价计算过程如下：

1）覆盖层清除摊销费。当土区表层有不符合设计要求的乱石、杂草或腐殖土时，应予以清除，其清除费用按清除量乘以清除单价来计算。覆盖层清除摊销费就是将其清除费用摊入填筑设计成品方中，即单位设计成品方应摊入的清除费用。可用下式计算：

覆盖层清除摊销费 = 覆盖层清除总费用 ÷ 设计成品方量

= 清除量 × 清除单价 ÷ 设计成品方量

= 清除单价 × 覆盖层清除摊销率

或：覆盖层清除摊销率 = 覆盖层清除量 ÷ 设计成品方量（实体方）

2）土方压实单价。按设计提供的容重要求、土质类别、心（斜）墙宽度以及不同的施工方法，选用相应的压实定额。压实定额单位均为 $100m^3$ 实方，主要工作内容包括平土、洒水、刨毛、碾压、削坡及坝面各种辅助工作，机械压实综合定额还包括土料的开采运输。计算方法同土方开采运输单价一样。

3）土方填筑综合单价。土方填筑综合单价由若干个分项工序单价组成。其计算方法既可采用综合定额法，也可采用综合单价法。但无论采用哪种方法（除采用综合压实定额外），压实工序以前的施工工序即开采运输、翻晒备料都要乘以综合折实系数，即：

综合折实系数数 = $(1 + A)$ × 设计干容重天然干容重

土方填筑综合单价 = 覆盖层清除单价 × 摊销率 + 挖运单价 × 综合折实系数 + 压实单价

若采用综合定额法，则需先补充土方填筑的综合定额。土方填筑综合定额计算同上。

4.6.2 石方工程单价

1. 石方工程项目类别及施工方法

石方工程包括石方开挖、运输、岩石支护等项目。

（1）石方开挖分一般石方、一般坡面石方、沟槽石方、坑挖石方、基础坡面石方、平洞石方、斜井石方、竖井石方等。按施工方法又分为人工打孔开挖、风钻钻孔开挖、潜孔钻钻孔开挖等。

（2）石渣运输分人力运输（即人力挑抬、双胶轮车、轻轨斗车等）和机械运输（汽车运输、电瓶机车运输等）。人力运输适用于工作面狭小、运距短、施工强度低的工程。汽车运输适用性较大，一般工程都可采用，电瓶机车或内燃机车适用洞井和较长距离的运输。

（3）岩石支护分地面支护和地下支护，主要施工方法有锚杆支护、喷混凝土支护、喷混凝土与锚杆或钢筋网联合支护等。

2. 使用定额时的注意事项

（1）保护层石方的开挖。指按设计规定，不允许破坏周边岩石结构的石方开挖。如河床坝基、两岸坝岸、发电厂基础、消力池、廊道等工程连接岩基部分的岩石开挖。

保护层厚度一般以1.5m计，或参考表4.9选定。

表4.9　　保护层厚度与岩石类别、药径 d 的关系

岩石类型	岩石抗压强度	保护层厚度
软弱岩石	$\sigma_{压} < 29.4MPa$	$40d$
中等坚硬岩石	$\sigma_{压} = 29.4 \sim 58.8MPa$	$30d$
坚硬岩石	$\sigma_{压} > 58.8MPa$	$25d$

（2）预裂爆破。指在正式爆破开挖之前，预先沿着设计的轮廓线炸出一条一定宽度的裂缝，以保护保留区的岩体。

预裂爆破一般可采用两种措施：

1）采用低猛度、低爆速炸药以减轻作用于岩壁上的压力。

2）采用不耦合装药。所谓不耦合装药就是指钻孔直径远大于药柱直径的一种装药方式。孔径与药柱直径的比值称为不耦合系数，不耦合系数一般应大于1.5～2.0。

3）光面爆破。它与预裂爆破不同之处在于光面爆孔的爆破是在开挖主爆孔的药包爆破之后进行，而预裂孔的爆破则是在岩体开挖之前进行的。

3. 石方工程单价计算

在编制石方工程单价时，应根据地质专业提供的土壤及岩石名称、外形特征和颗粒组成、饱和极限抗压强度、可钻性等地质勘探资料，合理确定土壤及岩石级别；严格按照设计开挖断面尺寸，根据施工组织设计确定的施工方法、开挖与出碴方式及出碴运距、运输线路以及建筑物施工部位的岩石级别等正确选用定额相应子目编制概预算单价。具体计算方法与土方工程一样。

4.6.3 砌石、堆石工程单价

1. 砌石、堆石工程内容

堆砌石工程包括坝体堆石、砌石、抛石等，其中砌石工程又分为干砌石、浆砌石、铺筑砂垫层等，其主要工作内容包括选石、修石、冲洗、拌制砂浆、砌筑、勾缝。堆砌石工程所用材料皆为当地材料，并且施工技术简单，工程造价低，因而在水利水电工程中普遍使用，如护坡、护底、基础、挡土墙、排水沟等砌石工程。

2. 砌石料的分类

砌石料主要有以下几类：

（1）块石指厚度大于20cm，长宽各为厚度的2～3倍，上下两面平行且大致平整、无尖角、薄边的石块。

（2）片石指厚度大于15cm，形状不规则，单块体积一般为0.01～0.05m^3的石块。

（3）卵石指最小粒径大于20cm的天然河卵石。

（4）毛条石指一般长度大于60cm的长条形、四棱方正的石料。

（5）粗料石指毛条石经过修边打荒加工，外露面方正，各相邻面正交，表面凸凹不超过10mm的石料。

（6）细料石指毛条石经过修边加工，外露面四棱见线，表面凸凹不超过5mm的石料。

（7）堆石料指山场岩石经过爆破后，无一定规格，无一定大小的任意石料。

（8）碎石指经过破碎加工分级后，粒径大于5mm的石块。

（9）砂砾料指天然砂卵（砾）石混合料。

（10）反滤料、过渡料指土石坝或一般堆砌石工程的防渗体与坝壳（土料、砂砾料或堆石料）之间的过渡区石料，由粒径级配均有一定要求的砂、砾石（碎石）等组成。

3. 工程单价计算

工程单价计算分以下几方面：

（1）堆石单价。包括备料单价、压实单价和综合单价。

1）备料单价。堆石坝备料的三大工序包括覆盖层清理、石料开采和弃料处理，其单价计算同一般块石开采一样。

覆盖层清理费用应摊入成品石料中进行计算。

石料开采运输根据不同的施工方法，套用相应的定额计算。现行概算定额的综合定额，其堆石料运输所需的人工、机械等数量，已计入压实工序的相应项目中，不在备料单价中体现。

石方开挖单位为自然方，填筑为坝上压实方。

2）压实单价。包括平整、洒水、压实等各项费用。压实定额中均包括了体积换算、施工损耗等因素。考虑到各区堆石料粒（块）径大小层厚尺寸、碾压遍数的不同，压实单价应按过滤料、堆石料等分别编制。

3）综合单价。2002年版《水利建筑工程概算定额》第三章19节为机械填筑土石坝堆石（砂砾、反滤、过渡）料综合定额，已按规定计入了从开采到坝面填筑的各项损耗以及超填量、施工附加量，采用该定额编制概算单价时不加计任何系数。其主要工作内容包括挖装、运输、推平、碾压、补边夯、洒水及各种坝面辅助工作。

假如施工的方法不同，应该按单项定额编制综合单价时，其备料单价乘以如下换算系数为：

$$换算系数 = (1 + A) \times 设计干容重天然干容重$$

式中　A——综合损耗系数，包括开采、上坝运输、边坡削坡、接缝削坡、施工沉陷、超挖及施工附加量等损耗因素。A值按表4.10选取，使用时不予调整。

表 4.10 综合损耗系数 A

项 目	A（%）
坝体砂石料、反滤料、过渡料	3.2
坝体堆石料	2.4

（2）砌石单价。包括备料单价和砌筑单价两种类型。

1）备料单价。备料单价作为砌筑工程定额中的一项材料单价，因此在计算备料单价时，应根据施工组织设计确定的施工方法，套用定额中砂石备料工程相应开采、加工、运输定额子目计算，按照新的规定还应计入其他直接费、间接费、企业利润和税金。如外购块石、条石或料石时，按材料预算价格计算方法计算。

2）砌筑单价。按不同工程项目、施工部位及施工方法套用相应定额计算。砌筑定额中的石料数量都已考虑了施工操作损耗和体积变化因素，其材料单价采用上述备料单价。

【例6】 某水电枢纽工程 M7.5 浆砌块石挡土墙，所有砂石材料均需外购，其外购单价：砂 40 元/m^3，块石 75 元/m^3，试计算其浆砌石工程单价。

基本资料：材料价格：P.O32.5 水泥 320 元/t，施工用水 0.50 元/m^3；M7.5 砂浆配合比（每 m^3）：水泥 32.5 305kg，砂 1.04m^3，水 0.184m^3。砂浆搅拌机 21.31 元/工时，胶轮车 0.9 元/工时。

解 查“2002”《概算定额》砌石工程第 3 章第 8 节，浆砌块石挡土墙定额子目为 30033。定额中的砂浆材料设计提供为 M7.5 号，按其配合比计算 M7.5 砂浆单价为：

$$261 \times 0.32 + 1.11 \times 40 + 0.157 \times 0.5 = 128 \text{ 元/m}^3$$

在套用定额中，尚应注意块石材料单价，按现行规定，块石为外购材料，且其预算价格为 75 元/m^3，超过规定 70 元/m^3（2002 年 7 月 1 日后进入单价计算为 70 元/m^3），因此进入工程单价的块石价格应为 70 元/m^3，其超过部分 $75 - 70 = 5$ 元/m^3 应计算税金后列入砌石单价第四项税金之后。计算过程详见表 4.11，计算结果浆砌石单价为 217.36 元/m^3。

表 4.11 **M7.5 浆砌石挡土墙单价分析表** $100m^3$ 砌体方

施工方法：选石、修石、冲洗、拌制砂浆、砌筑、勾缝。

定额编号：30033

序号	费用名称	单位	数量	单价（元）	合价（元）
1	直接工程费				17592.47
1.1	直接费				15707.56
1.1.1	人工费	工时	834.6		3243.18
	工长	工时	16.7	7.10	118.57
	中级工	工时	339.4	5.62	1904.43
	初级工	工时	478.5	2.55	1220.18
1.1.2	材料费				12183.36
	块石	m^3	108	70	7560.00
	M7.5 号砂浆	m^3	36.12	128	4623.36
	其他材料费	%	0.5	12183.36	60.92
1.1.3	机械使用费				281.02
	砂浆搅拌机	台时	6.38	21.31	135.96
	胶轮车	台时	161.18	0.9	145.06
1.2	其他直接费（1.1）×3%	%	3	15707.56	471.23
1.3	现场经费（1.1）×9%	%	9	15707.56	1413.68
2	间接费（1）×9%	%	9	17592.47	1583.32
3	企业利润（1+2）×7%	%	7	19175.79	1342.31
4	税金（1+2+3）×3.22%	%	3.22	20518.10	660.68
5	块石材差	m^3	108	5×1.0322	557.39
单价合计					21736.17

4.6.4 混凝土工程单价

1. 混凝土工程分类

混凝土工程可分为现浇混凝土和预制混凝土两大类。现浇混凝土又分常规混凝土和碾压混凝土。现浇混凝土施工程序一般有模板制作、立模、混凝土拌制运输、入仓、振捣浇筑、养护、模板拆除、凿毛等工序。预制混凝土除与现浇混凝土有同样的施工工序以外，还有预制混凝土构件运输和安装。

2. 应用“2002”《概算定额》、“2002”《预算定额》编制混凝土工程单价应注意的问题

（1）现浇常态混凝土定额包括凿毛、冲洗、清仓，铺水泥砂浆、平仓浇筑、振捣、养护，工作面运输及辅助工作等内容。

（2）碾压混凝土定额包括冲毛、冲洗、清仓，铺水泥砂浆、平仓、碾压、切缝、养护，工作面运输及辅助工作。

以上两项均不包括模板制作、安装、拆除、修理，模板工程需按定额第五章规定另行计算。这是“2002”《概算定额》、“2002”《预算定额》的显著改进。

（3）沥青混凝土浇筑包括配料、混凝土加温、铺筑、养护、模板制作、安装、拆除、修理以及场内运输及辅助工作。

（4）预制混凝土定额包括预制场冲洗、清理、混凝土配料、拌制、浇筑、养护，模板制作、安装、拆除、修理，现场冲洗、拌浆、吊装、砌筑、勾缝以及预制及安装现场场内运输及辅助工作。

（5）混凝土拌制包括配料、加水、加外加剂，搅拌、出料、清洗及辅助工作。混凝土拌制按常态混凝土拟定，若拌加冰、加掺合料等其他混凝土，则应按定额规定的系数进行调整。

（6）混凝土运输不分“水平运输”和“垂直运输”，包括装料、运输、卸料、空回冲洗、清理及辅助工作。

（7）各节现浇混凝土定额中的数量，已包括完成每一定额单位有效实体所需增加的超挖量和施工附加量等的数量。为统一表现形式，编制概算单价时，一般应根据施工设计选定的拌制和运输方式，按上述定额规定的混凝土拌制和运输量，分别乘以按相应混凝土拌制和运输定额计算出的费用计入单价。

3. 混凝土标号和级配的选择

为直观反映主要水工建筑物混凝土工程的平均单位水泥及砂石料耗用量，编制混凝土综合单价时，宜按设计确定的不同混凝土标号、级配加权平均计算水泥、砂石料及水的数量，列入定额

中直接计算。当设计提供上述资料有困难时，可参照下列数据作为计算混凝土综合单价的计价基础。

（1）水泥强度等级和品种的选取

拦河坝等大体积水工混凝土，一般可选用32.5与42.5两种强度等级作为计价依据，其品种的选择原则为：

1）水位变化区的外部混凝土、建筑物的溢流面和经常受水流冲刷部位的混凝土和有抗冻要求的混凝土等，应优先选用普通硅酸盐（P.O）水泥；

2）大体积建筑物的内部混凝土、位于水下的混凝土和基础混凝土等，宜选用矿渣硅酸盐（P.2）水泥、粉煤灰硅酸盐（P.F）水泥。

（2）混凝土的标号可根据工程的不同情况，按设计确定不同部位的不同标号、级配混凝土，分别计算出仅包括水泥、掺和料、砂石料及水等的半成品单价，再以每立方米的价格计入相应混凝土概算单价。其混凝土配合比的各项材料用量定额按试验资料计算，如无试验资料时，可参照定额附录各混凝土材料配合比表确定。

4. 混凝土工程单价计算

混凝土工程单价计算应根据设计提供的资料，确定建筑物的施工部位，选定正确的施工方法、运输方案，确定混凝土级配，并根据施工组织设计确定的拌和系统的布置形式等，选用相应的定额来计算。

混凝土工程单价主要包括现浇混凝土单价、预制混凝土单价、钢筋制作安装单价、止水单价四项，对于大型混凝土工程还要增加计算混凝土温控措施费。

（1）现浇混凝土单价一般包括混凝土拌和、水平运输、垂直运输及浇筑四道工序单价，“2002”《概算定额》现浇混凝土定额中专列有混凝土拌制工序在内，应根据设计拌和机械容量选用定额计算。混凝土熟料运输单价包括水平运输和垂直运输单价两种，若定额中已考虑混凝土垂直运输，则只计算水平运输，否则按施工组织设计确定的水平与垂直运输方式进行计算。其运输单价计算可有两种方法：

1）“混凝土运输”作为浇筑定额中的一项内容，运输单价按照选定的运输定额只计算定额直接费作为运输单价，以该运输单价乘以浇筑定额中所列的“混凝土运输”数量构成浇筑单价的直接费用项目。

2）将选定的运输定额子目乘以运输综合系数与相应浇筑定额合并编制补充综合浇筑定额，相应取消原浇筑定额中的混凝土运输一项。

运输综合系数 = 浇筑定额中的混凝土运输数量 ÷ 100

（2）预制混凝土单价一般包括混凝土拌和、运输、预制、预制件运输、预制构件安装等工序单价。“2002”《概算定额》中预制混凝土定额已综合考虑了上述各道工序，在计算混凝土预制单价时可按选定的定额子目直接套用。

【例7】 某水电枢纽工程隧洞（平洞）混凝土衬砌工程，设计开挖断面直径7m，衬砌厚度50cm，隧洞长1km，拌和站至隧洞进口1km，主要施工方法采用0.8m^3搅拌机拌制混凝土，装3.5t自卸汽车运输，混凝土泵输送入仓浇筑。试计算隧洞混凝土衬砌单价。

基本资料：设计混凝土标号为C25、二级配（最大骨料粒径4cm）；人工预算单价：中级工5.62元/工时，初级工2.55元/工时；材料预算价格：砂40元/m^3，碎石（综合）30元/m^3，P.O32.5普通硅酸盐水泥280元/t，电0.5元/(kW·h)，水0.4元/m^3；机械台时费：0.8m^3拌和机28.35元，混凝土泵（30m^3/h）80.05元，1.1kW插入式振捣器3.25元，胶轮车0.9元，3.5t自卸汽车42.27元。

解 由设计开挖直径7m可知，其开挖断面面积为38.5m^2，查“2002”《概算定额》平洞衬砌一节，选开挖断面30～100m^2、衬砌厚度50cm的定额子目［40040］。

定额中的混凝土材料，参考定额附录《泵用混凝土材料配合表》，选 C25 混凝土、32.5 水泥、二级配（碎石）一项，其配比单价为：

$408 \times 1.1 \times 0.28 + 0.53 \times 1.1 \times 40 + 0.79 \times 1.06 \times 30 + 0.173 \times 1.1 \times 0.4 = 174.18$ 元/m^3

混凝土运输定额由上述资料可知，洞外运输距 1km，洞内运输距离综合平均 0.5km，查“2002”《概算定额》自卸汽车运距一节，选露天运输 1km 定额子目 40204 和洞内增运 0.5km 定额子目 40207，由此编制自卸汽车运混凝土综合补充定额。这里要注意：

（1）洞内运 0.5km 必须选取增运定额子目。

（2）混凝土运输单价作为浇筑定额中的一项内容即构成浇筑单价中的定额直接费，因此该运输单价只计算定额直接费。

（3）混凝土材料配比单价应按设计提供的配合比进行计算，若概算阶段缺乏资料，可参考“2002”《概算定额》附录 7 混凝土、砂浆配合比及材料用量表选用。若混凝土配合比表系卵石、粗砂混凝土，实际采用的是碎石、中砂、细砂或特细砂，应按表 4.12 系数换算。

混凝土运输单价（直接费）计算结果为 12.25 元/m^3，见表 4.13。

混凝土拌制单价（直接费）计算结果为 10.94 元/m^3，见表 4.14。

隧洞混凝土衬砌综合单价为 548.43 元/m^3，见表 4.15。

表 4.12　砂石料换算系数表

项　目	水泥	砂	石子	水
卵石换碎石	1.10	1.10	1.06	1.10
粗砂换中砂	1.07	0.98	0.98	1.07
粗砂换为细砂	1.10	0.96	0.97	1.10
粗砂换为特细砂	1.16	0.90	0.95	1.16

表 4.13　　自卸汽车运混凝土单价分析表　　100m³

施工方法：3.5t 自卸汽车运混凝土，洞外 1km，洞内增运 0.5km

定额编号：[40204] + [40207]

序　号	费用名称	单　位	数量	单价（元）	合价（元）	备注
1	直接费				1225.10	
1.1	人工费	工时	21.9		99.44	
	中级工	工时	14.2	5.62	79.80	
	初级工	工时	7.7	2.55	19.64	
1.2	零星材料费	%	5	1166.76	58.34	
1.3	机械使用费					
	自卸汽车 3.5t	台时	21.4 + 3.08 × 1.25	42.27	1067.32	

表 4.14　　混凝土拌制单价分析表　　100m³

施工方法：0.8m³ 搅拌机拌制混凝土

定额编号：40172

序号	费用名称	单　位	数量	单价（元）	合价（元）	备　注
1	直接费				1094.12	
1.1	人工费	工时	218.2		737.1	
	中级工	工时	93.8	5.62	527.16	
	初级工	工时	124.4	2.55	209.94	
1.2	零星材料费	%	2	1072.67	21.45	
1.3	机械使用费				335.57	
	搅拌机 0.8m³	台时	9.07	28.35	257.13	
	胶轮车	台时	87.15	0.9	78.44	

表 4.15　　隧洞混凝土衬砌综合单价分析表　　100m³

施工方法：0.8m³ 搅拌机拌制混凝土，装 3.5t 自卸汽车运输，混凝土输送泵输送入仓浇筑。开挖断面 38.5m²，衬砌厚 50cm

定额编号：40040

序号	费 用 名 称	单位	数量	单价（元）	合价（元）	备注
1	直接工程费				47291.28	
1.1	直接费				42604.76	
1.1.1	人工费	工时	747.8		3379.38	

续表

序号	费 用 名 称	单位	数量	单价（元）	合价（元）	备注
	工长	工时	22.4	7.10	159.04	
	高级工	工时	37.4	6.05	226.27	
	中级工	工时	403.8	5.62	2269.36	
	初级工	工时	284.2	2.55	724.71	
1.2.2	材料费				33207.92	
	C25 混凝土（二级配）	m^3	146	174.18	25430.28	
	水	m^3	80	0.4	32.00	
	其他材料费	%	0.5	25462.28	127.31	
1.1.3	机械使用费				6017.46	
	混凝土泵 30m^3/h	台时	14.87	80.05	1190.34	
	插入式振捣器 1.1kW	台时	59.71	3.25	194.06	
	风水枪	台时	44.01	26.60	1170.67	
	其他机械费	%	3	2555.07	76.65	
	混凝土拌制	m^3	146	10.94	1597.24	
	混凝土运输	m^3	146	12.25	1788.5	
1.2	其他直接费（1.1）×3%	%	3	42604.76	1278.14	
1.3	现场经费（1.1）×8%	%	8	42604.76	3408.38	
2	间接费（1）×5%	%	5	47291.28	2364.56	
3	企业利润（1+2）×7%	%	7	49655.84	3475.91	
4	税金（1+2+3）×3.22%	%	3.22	53131.75	1710.84	
	单价合计				54842.59	

5. 混凝土温控措施费计算

在水利水电工程中，为防止拦河大坝等大体积混凝土建筑物由于温度应力而产生裂缝，以及坝体接缝灌浆后再度拉裂，保证建筑物的安全，按现行设计规范和混凝土坝设计及施工的要求，对大体积混凝土建筑物应采取温度控制措施。温度控制措施很多，例如采用水化热较低的水泥，减少水泥用量，采用风或水预冷骨料，加冷水或冰拌和混凝土，对大体积混凝土进行一期、二期通低温水及混凝土表面保护措施。这里简单介绍预冷骨料、拌和加冷水、拌和加冰、混凝土通水冷却等费用，供参考。水利部“2002”《概算定额》附录 10 列有“混凝土温控费用计算参考资料”也可参照执行。具体计算时，应根据不同工程的特点，不同地区的气温条件，不同结构物不同部位的温控要求等综合因素确定。

（1）基本参数的选择。计算温度控制费用应收集下列资料：工程所在地区的多年月平均气温、水温等气象资料；每平方米混凝土拌制所需加冰或冷水的数量、时间以及混凝土的数量；计算要求的混凝土出机口温度、浇筑温度和坝体的允许温度；混凝土骨料的预冷方式，预冷每立方米骨料所需消耗冷风、冷水的数量，预冷时间与温度，每立方米混凝土需预冷骨料的数量及需进行骨料预冷的混凝土数量；大体积混凝土的设计稳定温度、接缝灌浆时间，混凝土一期、二期通低温水的时间、流量、冷水温度及通水区域；冷冻系统的工艺流程、设备配置；如使用外购冰，要了解外购冰的售价、运输方式；混凝土温控方法、劳力、机械设备；冷冻设备的有关定额、费用等。

（2）制冰、制冷水、制冷风三种单价计算的方法基本相同。第一，根据月平均水温及制冷水温度计算每吨冷水所需热量（耗冷量）；第二，根据制冷系统的施工工艺、劳力组合及有关定额，计算制冷水单价。

（3）大体积混凝土温控总费用的计算。温控总费用包括预冷骨料费用、拌和加冷水费用、混凝土一期通水冷却费用、混凝土二期通水冷却费用。

（4）预冷骨料费用。骨料的冷却方式有：冷却水浸泡、冷水循环冷却、风冷、真空气化法冷却、封闭式皮带廊道内喷雾冷却等方式。计算预冷骨料费用时，首先根据冷风系统工艺流程、劳动组合、有关定额和费用标准，计算冷风单价，然后根据风冷骨料的数量及通风量计算单位骨料的预冷费，最后根据某个时段内需要采用温控措施的混凝土数量及预冷骨料要求，计算预冷骨料费用。

（5）混凝土拌和加冷水或加冰费用。根据设计和施工进度要求，计算一定时段内需要加冷水或加冰拌和的混凝土数量，以及每立方米需用加冷水或加冰的数量。然后按照制冷水或制冰的工艺要求，编制冷水或冰的价格。最后根据拌和加冷水或加冰的混凝土量，以及每立方米所需加冷水及加冰的费用，得出总的加冷水或加冰拌和费用。

（6）大体积混凝土一期、二期通水冷却费用。一期通水冷却是为了降低混凝土最高温升，二期通水冷却是为了使混凝土温度降至稳定温度，使结构缝张开，以便灌浆，保证大体积混凝土连成一个整体。一期、二期通水冷却费应根据施工组织设计的通水量及单价计算，其中冷却水水源可以利用温度满足要求的天然河水及制冷水。

4.6.5 模板工程

模板用于支承具有塑流性质的混凝土拌和物的重量和侧压力，使其按设计要求凝固成型。模板制作、安装及拆除是混凝土施工中一道重要工序，它不仅影响混凝土的外观质量、制约混凝土施工速度，对混凝土工程造价也影响很大。据统计，在大中型水利工程施工中，模板费用一般占混凝土总费用的8%～15%，在一些复杂的单项工程和小型工程中甚至达到20%以上。

为适应水利工程建设管理的需要，现行概算、预算定额，将模板制作、安装定额单独计列，不再含在混凝土浇筑定额中，简化了混凝土定额子目，细化了混凝土工程费用的构成，使混凝土定额更准确、更简单，也使模板与混凝土定额的组合更灵活、适应性更强，便于概（估）算及招标文件的编制，有利于工程投资的控制。

（1）模板的分类。

1）按模板的材质分类，可分为钢模板、木模板、预制混凝土模板等。木模板易于加工，但周转次数少、成本高，大多用于异形模板。钢模板的周转次数多、成本低，广泛用于水利工程中。预制混凝土模板的优点是不需拆模，与浇注混凝土构成整体，但成本较高，一般只用于廊道、闸墩等特殊部位。

2）按模板的形式分类，可分为平面模板、异形模板（如渐变段、厂房蜗壳及尾水管等）。

3）按模板的安装性质分类，可分为固定模板和移动模板。固定模板每使用一次，就拆除一次。移动模板的模板与支承结构构成整体，使用后整体移动，如隧洞混凝土衬砌常用的钢模台车或针梁模板，竖井、面板、闸墩混凝土浇筑时常用的滑模，使用这种模板能大大缩短模板安拆的时间和人工、机械费用，也提高了模板的周转速度，故被广泛应用于较长的隧洞或竖井混凝土衬砌中。

4）按模板自身结构分类，可分为悬臂组合钢模板、普通标准钢模板、普通曲面模板等。

5）按模板的使用部位分类，可分为尾水肘管模板、蜗壳模板、中腿模板、渡槽槽身模板等。

（2）立模面积计算。

1）计算原则。模板定额的计量单位为100m^2 立模面积，故模板计量应与定额计量单位一致，应按混凝土与模板的接触面积计算，即按混凝土结构物体形及施工分缝要求所需的立模面积计算。

大体积混凝土施工分缝应结合混凝土性能、浇筑设备能力、温控防裂措施、水工要求、施工技术规范要求等，由施工组织设计确定。

2）立模面积系数参考表。编制概（估）、预算时，模板的工程量一般应按上述规定计算，由专业设计人员提供，造价专业人员复核。可行性研究阶段，因设计深度不能满足模板计算要求时，可参考《水利建筑工程概算定额》附录9《水利工程混凝土建筑物立模面系数表》计算各种混凝土坝、电站厂房、蜗壳、尾水肘管、渡槽、水闸及溢洪道等常见混凝土建筑物的模板工程量。

（3）预算价格。模板属周转性材料，其费用应进行摊销。此前的部颁概算、预算定额中，模板的制作费是按摊销量形式计入混凝土定额；现行部颁概算、预算定额的模板制作费，应采用模板制作定额计算；模板制作定额的工、料、机用量是考虑多次周转和回收后使用一次的摊销量，也就是说，按现行模板制作定额计算的模板制作单价是按模板使用一次所摊销的价格。如采用外购钢模板，定额中的模板预算价格计算公式为：

定额的模板预算价格：（外购模板预算价格 - 残值） ÷ 周转次数 × 综合系数公式中残值为 10%，周转次数为 50 次，综合系数为 1.15（含露明系数及维修损耗系数）。

（4）模板工程单价。现行部颁概算、预算定额将模板分为“制作”定额和“安装、拆除”定额两项，前者以材料形式出现在后者定额中，均以 $100m^2$ 立模面积的摊销量计入定额，考虑了周转和回收，可直接用立模面积查套定额，计算模板单价。

模板单价包括模板及其承重结构的制作、安装、拆除、场内运输及修理等全部工序的人工、材料和机械费用。计算模板工程单价时，应先根据工程部位和施工组织设计选定的模板类型选套“模板制作”定额，计算模板材料单价（只计直接费。如采用外购钢模板，应先计算考虑了周转和回收摊销的模板预算价）。然后再选套相应的“模板”定额（即“模板安装、拆除”定额）计算模板工程单价（包含了模板制作费）。如要计算渠道土边坡混凝土衬砌钢模板概（估）算工程单价时，要先套渠道模板制作定额 50100 子目计算每米模板材料单价（只计直接费），再套渠道模板定额 50049 子目，并据已计得的模板材料单价计算渠道模板工程单价。

（5）使用定额应注意的问题。

1）模板定额中的材料，除模板本身外，还包括支撑模板的立柱、围令、桁（排）架及铁件等。对于悬空建筑物（如渡槽槽身、公路桥及工作桥桥身）的模板，计算到支撑模板结构的承重梁（或枋木）为止，承重梁以下的支撑结构未包括在模板定额内，应另行计算。

2）滑模台车、针梁模板台车和钢模台车的行走机构、构架、模板及其支撑型钢，为拉滑模板或台车行走及支立模板所配备的电动机、卷扬机、千斤顶等动力设备，均作为整体设备以工作台时计入定额。滑模台车定额中的材料包括滑模台车轨道及安装轨道所用的埋件、支架和铁件。而针梁模板台车和钢模台车轨道及安装轨道所用的埋件应计入其他临时工程。

3）各式隧洞衬砌模板及涵洞模板定额中的堵头和键槽已按一定比例摊入，不再计算立模面面积。

4）异形模板的键槽模板定额适用于混凝土零星键槽；对坝体纵横缝键槽模板，应按悬臂组合钢模板的键槽模板定额计算。键槽部位平面模板的立模面积计算时，不扣除键槽部位的面积。

5）大体积混凝土工程（如坝、船闸等）中的廊道模板，均采用一次性预制混凝土板（浇筑后作为建筑物结构的一部分）。混凝土模板预制及安装，可参考混凝土预制及安装定额编制其单价。

6）本章各节的模板安装定额，其他材料费的计算基数不包括模板本身的价值。

4.6.6 基础处理工程单价

1. 钻孔灌浆工程简述

钻孔灌浆是指水工建筑物为了加强它的地基基础和结构本身的坚固整体性所采用的工程措施，具体包括帷幕灌浆、固结灌浆、回填（接触）灌浆、防渗墙、减压井等工程。

灌浆的分类方法有以下两种：

1）按灌浆的作用分有帷幕灌浆、基础固结灌浆、接触灌浆、坝体接缝灌浆、隧洞固结、回填灌浆、其他灌浆等；

2）按灌浆的材料分有水泥灌浆、水泥粘土灌浆、粘土灌浆、化学灌浆四类。

2. 钻孔灌浆常用的施工机具

（1）钻孔机械分为冲击式钻机、冲击回转式钻机（通称凿岩机）、回转式钻机（通称岩心钻机）。

（2）灌浆机械分为水泥灌浆机、计量泵（又称比例泵）、浆液搅拌机。

（3）钻孔灌浆器材分为钻杆、岩心管、钻头。

3. 岩石基础灌浆

（1）施工工艺流程为：施工准备→钻孔→冲洗→表面处

理→压水试验→灌浆→封孔→质量检查。

1）施工准备包括清理场地、布置交通线路及电风水管路、搭设机房、水泥库房、安装并检查机具设备等工作内容。

2）钻孔采用手风钻、回转式钻机和冲击钻等钻孔机械进行。

3）冲洗是用水将残存在孔内的岩粉和铁砂末冲出孔外，并将裂隙中的充填物冲洗干净，以保证灌浆效果。

4）表面处理是为防止有压情况下浆液沿裂隙冒出地面而采取的塞缝、浇盖面混凝土等措施。

5）压水试验是指灌浆施工时的简易压水试验，其目的是确定地层的渗透性，为岩基处理设计和施工提供依据。

6）灌浆分为纯压式灌浆和循环式灌浆两种。

7）封孔分人工封孔和机械封孔，常用砂浆封填孔口。

8）质量检查的方法较多，最常用的是打检查孔作检查，取岩心，作压水试验。检查孔的数量，一般帷幕灌浆为灌浆孔的10%，固结灌浆为5%。

（2）施工次序。帷幕灌浆应遵循先固结后帷幕、先边排后中排、先下游后上游的原则进行。固结灌浆宜在有混凝土覆盖的情况下进行，灌浆次序应先灌外围区，后灌中间，逐渐插孔加密。

（3）施工方法。

1）钻孔一次灌浆法。将孔一次钻到设计深度，再沿全孔一次灌浆，适用于孔深小于8m。

2）自上而下分段灌浆法。一般每5m为一段，自上而下进行，上一段持凝24h，再钻灌下一段，如此钻灌交替，直至设计深度。其特点是灌浆质量好，但钻、灌次序交叉，工效低，多用于岩层破碎，竖向节理裂隙发育地层。

3）自下而上分段灌浆法。一次将孔钻到设计深度，然后自下而上利用灌浆塞逐段灌浆。其特点是钻灌连续，速度快，但灌浆压力不易太高，灌浆质量不易保证，一般适用于岩石较完整坚固的地层。

4）综合灌浆法。通常情况下接近地表的岩层较破碎，越往下则越完整，因此上部可采用自上而下分段灌浆，下部则采用自下而上分段灌浆，使之既能保证质量又可加快速度。

4. 水工隧洞灌浆

水利水电工程施工中隧洞灌浆包括回填灌浆、固结灌浆、钢衬接触灌浆等。施工次序是先回填灌浆，后固结灌浆。施工方法应采取分序加密的原则施工。当隧洞具有10°以上的坡度时，灌浆应从最低端开始。灌浆孔一般在混凝土衬砌施工时预留。灌浆时先用手风钻通孔，后进行灌浆。

回填灌浆的浆液水灰比浓度一般分为四个比级，即1∶1，0.8∶1，0.6∶1，0.5∶1。

检查孔的个数一般不少于基本孔的5%。

5. 混凝土防渗墙

设置防渗墙是一种有效的防渗处理措施，其施工工艺一般包括造孔和浇筑混凝土两部分内容。

（1）造孔。防渗墙造孔方式一般采用槽孔法。造孔施工常使用冲击钻、反循环钻机进行。其施工程序包括造孔前的准备、泥浆制备、造孔、终孔验收、清孔换浆等。冲击钻造孔工效不仅受地层土石类别的影响，而且与钻孔深度有很大的关系。随孔深的增加，钻孔效率下降较大。

（2）浇筑混凝土。防渗墙采用导管法浇筑水下混凝土。其施工工艺为浇筑前的准备、配料拌和、浇筑混凝土、质量验收。

由于防渗墙混凝土不经振捣，因而混凝土应具有良好的和易性，要求入孔时混凝土的坍落度为18～22cm，扩散度34～38cm，最大骨料粒径不大于4cm。

6. 基础处理工程单价计算

基础处理工程单价计算应根据设计确定的孔深、灌浆压力等参数以及岩石的级别、单位吸水率（透水率）等，按施工组织设计确定的钻机、灌浆方式、施工条件，分别选用概预算定额相应钻孔和灌浆的子目计算。单价计算方法除了取费费率不同，其他与前述单价计算方法基本相同。

4.6.7 建筑工程单价的编制

水利水电建筑工程定额常常采用实物量表示。单价编制的步骤可按以下几步进行：

（1）搜集编制依据，主要包括定额、费用标准、本工程基础单价、设计文件、图纸与施工组织设计资料等。

（2）确定其他直接费、现场经费、间接费、企业利润和税金的取费标准。

（3）根据工程项目划分三级项目的工程特征、施工条件和施工方法，正确地选用定额子目，按定额人工、材料、施工机械台班数量分别乘以人工预算单价、材料预算单价和施工机械台班费而得到该子目工程的人工费、材料费和机械使用费，三者之和为直接费。

（4）根据直接费和各项费率计算其他直接费、现场经费，并汇总为直接工程费。

（5）根据直接工程费和各项费率计算间接费、企业利润和税金。

（6）汇总直工程接费、间接费、企业利润、税金四项费用之和即为建筑工程单价。

上述计算过程可归纳为表4.16所示。

表4.16 建筑工程单价计算程序表

序 号	项 目	计 算 方 法
1	直接工程费	1.1+1.2+1.3
1.1	直接费	1.1.1+1.1.2+1.1.3
1.1.1	人工费	定额人工工时×人工预算单价
1.1.2	材料费	Σ(定额材料用量×材料预算单价)
1.1.3	机械使用费	Σ(定额机械台班用量×机械台班费)
1.2	其他直接费	直接费×其他直接费率之和
1.3	现场经费	直接费×现场经费费率

续表

序　号	项　目	计　算　方　法
2	间接费	1×间接费率或1.1×间接费率
3	企业利润	(1+2)×企业利润率
4	税金	(1+2+3)×税率
	工程单价	1+2+3+4

第7节　安装工程单价

水利水电安装工程定额有实物量式、价目表式和百分率式三种表示形式，就算同一本定额，也可因项目的不同而采用不同的表示形式。水利部水建管〔1999〕523号文颁布的《水利水电设备安装工程概算定额》和《水利水电设备安装工程预算定额》有实物量和安装费率两种表示形式，水利部"87"、"88"《概算定额》、《预算定额》和一些地方定额有实物量式、价目表式和百分率式三种表示形式。为此，编制安装工程单价时，要根据定额表示方式分别计算。

4.7.1　实物量式的单价编制

以实物量式表示的安装工程定额，其安装工程单价的编制与前述建筑工程单价的编制方法和步骤完全相同，不再重述。

4.7.2　价目表式的单价编制

价目表式定额以金额的形式给出了安装工程的人工费、材料费和机械使用费的数量标准，该数量标准是以定额编制年的人工工资水平和物价水平编制的。因此，在编制安装工作单价时，必须按有关规定进行调整。

1. 人工费调差系数 K_1

K_1 = 该工程人工预算单价 ÷ 定额人工预算单价

2. 材料费调差系数 $K_2 \sim K_5$

根据该工程材料预算单价，分别计算水力机械、电气设备、起重机械和金属结构等材料费调差系数。其调差指标和调差系数计算参见表4.16。

表中调差指标与材料预算价格相乘之积分别填写在调差系计算栏对应的位置上，然后将调差系数计算按列分别合计可得到水力机构、电气设备、起重设备和金属结构四类安装工程材料费调差系数。

水力机械调差系数 K_2 常用于水轮机、调速系统、主阀、水轮发电机、水力机械辅助设备和通风采暖设备等安装工程的材料费调差。

电气设备调差系数 K_3 常用于电气设备、变电站设备、通信设备、电气调整和照明等安装工作的材料调差。

起重设备调差系数 K_4 常用于起重设备、设备工地运输等安装工程材料费的调差。

金属结构调差系数 K_5 常用于闸门制作、闸门安装、压力钢管和其他金属结构等安装工程材料费的调差。

3. 机械使用费调差系数 K_6

根据具体工程施工机械台班单价，按照“机械使用费调差指标”，计算安装工程机械使用费调差系数 K_6。其调差指标和调差系数计算参见表4.18。

表中同一行的调差指标与台班费预算单价之积填写到调差系数计算栏的对应位置，然后将调差系数计算栏竖向合计可得到机械使用费调差系数 K_6。

4. 单价编制步骤

价目表定额的安装工程可按下列步骤进行单价编制：

（1）计算人工费、材料费和机械使用费调差系数。

（2）按计算的调差系数对定额人工费、材料费和机械使用费进行调整得到直接费（如有未计价装置性材料，应按定额数量加损耗和材料预算价格计算未计价材料费）。

（3）根据直接费和各项费率计算其他直接费、现场经费。

（4）汇总直工程接费，根据各项费率计算间接费、企业利润、税金四项费用之和即为安装工程单价。

上述计算过程可归纳为表4.17所示。

表4.17　　价目表定额的安装工程单价计算程序表

序　号	项　目	计　算　方　法
1	直接工程费	1.1+1.2
1.1	1. 直接费	
1.1.1	人工费	定额人工费×调差系数 K_1 或定额人工工日数×人工预算单价
1.1.2	材料费	定额材料费×调差系数（K_2 ~ K_5 之一）+未计价材料量（定额数量+损耗）×材料预算单价
1.1.3	机械使用费	定额机械费×调差系数 K_6
1.2	其他直接费	直接费×其他直接费率（%）
1.3	现场经费	人工费×现场经费费率（50%）
2	间接费	人工费×间接费率（水利部80%；贵州60%）
3	企业利润	[1+2]×企业利润率（%）
4	税金	[1+2+3]×税率（%）
工程单价		1+2+3+4

应根据所安装设备的种类、型号和规格，查相应定额项目的定额表，确定安装费预算单价。

【例8】 某水利水电工程弧形闸门每扇自重45t，该工程人工预算单价16.20元/工日，主要材料预算单价和机械台班费如计算表中所列，求安装每吨弧形闸门的人工、材料、机械使用费预算价格。

解　(1) 求定额调整的调差系数。

安装工程预算定额是以安装费价目表表示的，价目表中的金额是按一定的人工、材料、机械台班费定额基价计算的。使用定额时，当实际工程的人工预算单价、材料预算价格和施工机械台班费与定额基价不一致时，必须对定额安装费进行调整。调整方法是先分别计算人工费、材料费和机械使用费的调差系数，然后分别以调差系数乘定额人工费、材料费与机械使用费，即得到调整后的人工费、材料费与机械使用费定额。

1）人工费调差系数：

人工费调差系数 = 本工程人工预算单价 ÷ 定额人工预算单价

“87”《安装工程预算定额》人工预算单价 2.71 元/工日，故本工程预算人工费调差系数为 5.978。

2）材料费调差系数：

材料费调差系数 = Σ各种规定材料预算价格 × 各种规定材料调差指标 + 定值材料调差指标

安装工程预算定额中已按水力机械（包括水轮机、水轮发电机、主阀、大型水泵、水力机械辅助设备、通风采暖设备）、电气设备（包括电气、变电站、通讯、照明设备）、起重设备（包括起重设备和设备工地运输）、金属结构（包括闸门及压力钢管的制作与安装）四类给定了主要安装材料的材料费调差指标（见表 4.18）。

表中定值材料调差指标，考虑到定额颁布以来物价上涨因素，已按原定额指标乘 1.16 调整系数。

本工程材料费调差系数计算见表 4.19。

计算得材料费调差系数为 1.7395（表中调差计算之和）。

3）机械费调差系数：

机械费调差系数 = Σ预算主要安装机械台班费 × 调差指标。

定额给定的机械费调差指标详见表 4.20。

表 4.18　　　　材料费调差指标

项　目	单位	定额基价（元）	调　差　指　标			
			水力机械	电气设备	起重机械	金属结构
钢板（厚 1.6～1.9mm）	kg	0.92	0.112	0.181	0.15	0.174
型钢（综合规格）	kg	0.7	0.444	0.137	0.28	0.17
钢管（镀锌）	kg	1.28	—	0.025	—	0.049
汽油	kg	0.97	0.013	0.052	0.061	—

续表

项 目	单位	定额基价（元）	调 差 指 标			
			水力机械	电气设备	起重机械	金属结构
电焊条结507ϕ4mm	kg	2.2	0.107	0.1	0.047	0.109
电石	kg	0.7	0.084	0.136	0.113	0.048
氧气	m^3	1.7	0.048	0.066	0.061	0.029
电	kW·h	0.2	0.639	0.653	1.683	1.954
定值材料			0.139	0.174	0.139	0.116

表4.19　　材料费调差系数计算表

项 目	单 位	预算单价（元）	调差指标	调差计算
钢板	kg	1.6	0.174	0.2784
型钢	kg	1.3	0.17	0.221
钢管	kg	1.95	0.049	0.0956
电焊条	kg	2.9	0.109	0.3161
电石	kg	1.3	0.048	0.0624
氧气	m^3	2.2	0.029	0.0638
电	kW·h	0.3	1.954	0.5862
定值材料			0.116	0.116

表4.20　　机械费调差指标与调差系数计算表

(91)台班费定额编号	机械名称及规格	台班费定额基价（元）	调差指标（10^{-4}）	本工程台班费（元）	调差计算
220	载重汽车5t	80.6	5	103.29	0.0516
214+250	平板拖车40t	288.69	4	346.08	0.1384
435	门式起重机30t	226.91	7.9	322.69	0.2549
445	塔式起重机10t	388.19	7.9	498.12	0.3935
448	龙门式起重机10t	69.8	9.9	86.34	0.0855
457	桥式起重机10t	44.08	9.9	60.52	0.0599
480	汽车起重机3t	131	5	157.66	0.0788

续表

(91)台班费定额编号	机械名称及规格	台班费定额基价（元）	调差指标（10^{-4}）	本工程台班费（元）	调差计算
497	轮胎起重机 16t	119.73	5	112.93	0.0565
537	卷扬机 5t	26.66	9.9	33.69	0.0334
796	交流电焊机 30kVA	25.22	14.8	59.78	0.0885
799	直流电焊机 30kW	22.54	14.8	53.14	0.0786
223	卷板机 20×2000mm	47.53	5	60.4	0.0302

本工程机械台班费预算价格与调差系数计算列于表 4.20 中。计算后，本工程机械使用费调差系数为 1.3498，其数据为表中调差计算之和。

（2）查定额计算调整后的安装费。

弧形闸门安装定额查“87”《预算定额》第十四章。根据每扇闸门自重 45t<50t，采用定额编号 14034，定额安装费中人工费 49 元/t，材料费 80 元/t，机械费 81 元/t，分别乘相应调差系数计算本工程弧形闸门安装费预算单价。其中：

人工费　　$49\times5.978=292.92$ 元/t

材料费　　$80\times1.7395=139.16$ 元/t

机构费　　$81\times1.3498=109.33$ 元/t

安装工程直接费单价为 541.41 元/t。

4.7.3 百分率式的单价编制

安装费百分率定额给出了人工费、材料费和机械费各占设备原价的百分比，在编制安装工程单价时，材料费率和机械使用费率不需进行调整，只需将人工费率进行调整。

人工费率调整系数 K_7 = 该工程人工预算单价 ÷ 定额人工预算单价。

以百分率表示的定额，其安装工程单价计算过程可归纳为表 4.21 所示。

表 4.21　百分率定额的安装工程单价计算程序表

序号	项　目	计　算　方　法
1	直接工程费	1.1 + 1.2 + 1.3
1.1	直接费	① + ② + ③
①	人工费	设备原价 × 定额人工费率(%) × 人工费率调整系数 K_7
②	材料费	设备原价 × 定额材料费率(%) + 未计价材料量(定额数量 + 损耗) × 材料预算单价
③	机械使用费	设备原价 × 定额机械费率(%)
1.2	其他直接费	直接费 × 其他直接费率之和(%)
1.3	现场经费	人工费 × 间接费率(%)
2	间接费	取费基础 × 间接费率(%)
3	企业利润	(1 + 2) × 企业利润率(%)
4	税金	(1 + 2 + 3) × 税率(%)
工程单价		1 + 2 + 3 + 4

第5章　工程量计算

工程量计算是编制工程造价的重要因素之一，工程量是以物理计量单位或自然计算单位表示的各项工程和结构件的数量。其计算单位一般是以公制度量单位表示的长度(m)、面积（m^2)、体积(m^3)、质量(kg) 以及以自然单位表示的如“个”、“台”、“套”等。工程量计算的准确与否，是衡量工程造价编制质量好坏的重要标志之一。

第1节　工程量计算的基本原则

5.1.1　工程项目的设置

工程项目的设置必须与概算或预算定额子目的划分相适应。如：土石方开挖工程应按不同土壤、岩石类别分别列项；土石方填筑应按土方、堆石料、反滤层、垫层料等分列。再如钻孔、灌浆工程，新的水利建筑概预算定额已将钻孔和灌浆分列，因此在计算工程量时，钻孔、灌浆应分项计列。对于帷幕灌浆，还要根据设计提供的自上而下或自下而上不同的灌浆方法分别列项。

5.1.2　工程量的计量单位

工程量的计量单位要与定额子目的单位相统一。有的工程项目的工程量可以用不同的计量单位表示，如喷混凝土，可以用“m^2”表示，也可以用“m^3”表示；混凝土防渗墙可以用阻水面积（m^2)，也可以用进尺（m）和混凝土浇筑方量（m^3）来表示。因此，设计提供的工程量单位要与选用的定额单位相一致，否则应按有关规定进行换算，使其一致。

5.1.3　工程量计算原则

工程量的计算应遵循有关部门规定的原则，如设计、施工规范以及概算、预算定额的规定、准则等，具体地说，应遵循以下事项：

(1) 工程项目应按设计概算、预算定额的项目划分，且应以定额的计量单位为准。

(2) 计算公式力求简单明确，所采用的尺寸应与图纸上所示的尺寸一致，其精确度应保留到小数点的后两位。

(3) 计算前应了解现场情况、施工方案和方法，使计算结果更接近实际。

(4) 计算以后，要仔细检查项目有无遗漏、重算，单位、算式是否正确，发现错误应及时更正。

(5) 水利水电工程执行《水利水电工程设计工程量计算规定》。

5.1.4 工程量计算的阶段依据

(1) 设计工程量。工程量计算按照原水利电力部 1988 年颁发的《水利水电工程设计工程量计算规定》执行。可行性研究、初步设计阶段的设计工程量就是按照建筑物和工程的几何轮廓尺寸计算的数量乘以表 5.1 中不同设计阶段系数而得出的数量；而施工图设计阶段系数均为 1.00，即设计工程量就是图纸工程量。

表 5.1　　设计工程量计算阶段系数表

种类	设计阶段 \ 阶段系数 \ 项目	钢筋混凝土	混凝土 300以上	混凝土 100~300	混凝土 100以下	土石方开挖 500以上	土石方开挖 200~500	土石方开挖 200以下	土石方填筑 500以上	土石方填筑 200~500	土石方填筑 200以下	钢筋	钢材	灌浆
			工程量（万 m^2）											
永久水工建筑物	可行性研究	1.05	1.03	1.05	1.10	1.03	1.05	1.10	1.03	1.05	1.10	1.05	1.05	1.15
	初步设计	1.03	1.01	1.03	1.05	1.01	1.03	1.05	1.01	1.03	1.05	1.03	1.03	1.10
施工临时建筑物	可行性研究	1.10	1.05	1.10	1.15	1.05	1.10	1.15	1.05	1.10	1.15	1.10	1.10	
	初步设计	1.05	1.03	1.05	1.10	1.03	1.05	1.10	1.03	1.05	1.10	1.05	1.05	
金属结构	可行性研究												1.15	
	初步设计												1.10	

（2）施工超挖、超填量及施工附加量。在水利水电工程施工中一般不允许欠挖，为保证建筑物的设计尺寸，施工中允许一定的超挖量；而施工附加量是指为完成本项工程而必须增加的工程量，如土方工程中的取土坑、试验坑、隧洞工程中的为满足交通、放炮要求而设置的内错车道、避炮洞以及下部扩挖所需增加的工程量；施工超填量是指由于施工超挖及施工附加相应增加的回填工程量。

水利建筑工程概算定额已按有关施工规范计入合理的超挖量、超填量和施工附加量，故采用概算定额编制概（估）算时，工程量不应计算这三项工程量。

水利建筑工程预算定额中均未计入这三项工程量，因此采用预算定额编制概（估）算单价时，其开挖工程和填筑工程的工程量应按开挖设计断面和有关施工技术规范所规定的加宽及增放坡度计算。

采用预算定额时超挖量、超填量、施工附加量一般按以下规定计算：

（1）地下建筑物开挖规范允许超挖量及施工附加量，可在设计尺寸上按半径加大20cm计算。

（2）水工建筑物岩石基础开挖允许超挖量及施工附加量：

1）平面高程，一般应不大于20cm；

2）边坡依开挖高度而异，开挖高度在8m以内，应不大于20cm；开挖高度在8～15cm，应不大于30cm；开挖高度在15～30m，应不大于50cm。

（3）施工损耗量。施工损耗量包括运输及操作损耗两种，体积变化损耗及其他损耗。运输及操作损耗量指土石方、混凝土在运输及操作过程中的损耗。体积变化损耗量指土石方填筑工程中的施工期沉陷而增加的数量，混凝土体积收缩而增加的工程数量等。其他损耗量包括土石方填筑工程施工中的削坡，雨后清理损失数量，基础处理工程中混凝土灌注桩桩头的浇筑凿除及混凝土防渗墙一期、二期接头重复造孔和混凝土浇筑等增加的工程量。

水利建筑工程概算定额对这几项损耗已按有关规定计入相应定额之中，而水利建筑工程预算定额未包括混凝土防渗墙接头处理所增加的工程量，因此采用不同的定额编制工程单价时应仔细阅读有关定额说明，以免漏算或重算。

第2节　水利水电工程基础工程量计算

5.2.1　土石方工程量计算

土石方开挖工程量应根据设计的具体开挖图纸，按不同的土壤和岩石类别分别进行计算，石方开挖工程应将明挖、槽挖、水下开挖、平洞、斜井和竖井开挖分别进行计算。

土石方填筑工程量，应根据建筑物设计断面中的不同部位及其不同材料分别进行计算，其沉陷量应包括在内。

5.2.2　砌石工程量计算

砌石工程量应按建筑物设计图纸的几何轮廓尺寸，以“建筑成品方”计算。

砌石工程量应将干砌石和浆砌石分开。干砌石应按干砌卵石、干砌块石，同时还应按建筑物或构筑物的不同部位及形式，如护坡（平面、曲面）、护底、基础、挡土墙、桥墩等分别计列；浆砌石按浆砌块石、卵石、条料石，同时尚应按不同的建筑物（浆砌石拱圈明渠、隧洞、重力坝）及不同的结构部位分项计列。

对于砌石的勾缝，立面部位应按立面的投影面积计算。例如，挡土墙、隧洞边墙按垂直于墙面的投影面计算。

对于脚手架所需工料，一般来说已包括在相应项目预算定额内，但有时需要单独计算脚手架的费用。脚手架的工程量计算方法：外、里脚手架按垂直投影面积计算；满堂悬空脚手架按水平投影面积计算；斜道、上料平台分别步距以座计算；挑式脚手架按延长米计算。

建筑物的基础与其上部结构，如系各自单独发生作用，其工程量应分开计算。例如，水闸工程的闸底板与底板上的闸墩；隧洞的底板与边墙等。若其基础与上部结构联合发生作用，则其工程量应合并计算。例如单独的挡土墙、护坡等。

5.2.3 混凝土及钢筋混凝土工程量计算

混凝土及钢筋混凝土工程量的计算应根据建筑物的不同部位及混凝土的设计标号分别计算。

钢筋及埋件、设备基础螺栓孔洞工程量应按设计图纸所示的尺寸并按定额计量单位计算，例如大坝的廊道、钢管道、通风井、船闸侧墙的输水道等，应扣除孔洞所占体积。

计算地下工程（如隧洞、竖井、地下厂房等）混凝土的衬砌工程量时，若采用水利建筑工程概算定额，应以设计断面的尺寸为准；若采用水利建筑工程预算定额，计算衬砌工程量时应包括设计衬砌厚度加允许超挖部分的工程量，但不包括允许超挖范围以外增加超挖所充填的混凝土量。预制构件根据设计图纸计算工程量时应考虑损耗量在内，包括废品损耗、运输堆放损耗。其损耗率为：板类构件1.2%，其他构件0.7%。

钢筋、铁件等应根据设计图纸规定尺寸计算其用量，并应计算损耗量，其损耗率参考定额规定。

5.2.4 钻孔灌浆工程量计算

（1）钻孔工程量按实际钻孔深度计算，计量单位为m。计算钻孔工程量时，应按不同岩石类别分项计算，混凝土钻孔按X类岩石计算或按可钻性相应的岩石级别计算。灌浆工程量从基岩面起计算，计算单位为m或m^2。计算工程量时，应按不同岩层的不同单位透水率或耗灰量分别计算。

（2）隧洞回填灌浆的工程量计算，其范围一般在顶拱中心角90°~120°范围内，按设计的混凝土外缘面积计算，计量单位为m^2。

混凝土防渗墙工程量，若采用水利建筑工程概算定额，按设计的阻水面积计算其工程量，计量单位为m^2；若采用水利建筑工程预算定额，造孔与浇筑应分项计算，造孔计算单位为单孔进尺（m），其工程量应计入槽搭接部分，即按设计单孔进尺乘以搭接系数：

$$单孔进尺 = \frac{防渗槽槽长 \times 平均槽深}{槽底厚底} \times 搭接系数$$

式中　搭接系数一般为1.12。

浇筑工程量以m^3为计量单位，按设计工程量乘以综合系数计算。综合系数K由接头系数K_1、墙顶系数K_2和因扩孔增加的超填系数K_3组成：

$$K = K_1 \times K_2 \times K_3$$

K_1、K_2、K_3的具体计算，按定额规定。

预压骨料回填灌浆工程量，按被回填材料的体积计算。

第3节　各类工程量在概算中的处理

在编制概（估）算时，应按工程量计算规定和项目划分及定额等有关规定，正确处理上述的各类工程量。

5.3.1　设计工程量

设计工程量就是编制概（估）算的工程量。图纸工程量乘以设计阶段系数，即是设计工程量。可行性研究、初步设计阶段的设计系数应采用《水利水电工程设计工程量计算规定》中"设计工程量计算阶段系数表"的数值。利用施工图设计阶段成果计算工程造价的，不论是预算或是调整概算，其设计阶段系数均为1.00，即设计工程量就是图纸工程量，不再保留设计阶段扩大工程量。

5.3.2　施工超挖量、施工附加量及施工超填量

《水利建筑工程预算定额》中均未计入施工超挖量、施工附加量及施工超填量，故采用时，应将这三项合理的工程量采用相应的超挖、超填预算定额，摊入单价中，而不是简单地乘以这三项工程量的扩大系数，而《水利建筑工程概算定额》已将这三

项工程量计入定额中。

5.3.3 施工损失量

预算定额中均已计入了场内操作运输损耗量。土石坝施工沉陷、雨后清理等损失工程量，均应按定额规定计算计入填筑工程单价中。一期、二期混凝土防渗墙接头孔增加的工程量，也应按定额有关规定处理。

5.3.4 质量检查工程量

预算定额中未计入检查孔，采用时应按检查孔的参数选取相应的检查孔钻灌定额，而概算定额已计入。

概算及预算定额中均已计入了一定数量的土石坝填筑质量检测所需的试验坑，故不应再计列试验坑的工程量。

5.3.5 试验工程量

爆破试验、碾压试验、级配试验、灌浆试验等大型试验均为设计工作提供重要参数，应列入在勘测设计费的专项费用或工程科研试验费中。

5.3.6 计算工程量应注意的问题

（1）工程项目的设置。工程项目的设置除必须满足《水利水电工程设计工程量计算规定》提出的基本要求外，还必须与概算定额子目划分相适应。如土石方填筑工程应按抛石、堆石料、过渡料、垫层料列，固结灌浆应按深孔（地质钻机钻孔）、浅孔（风钻钻孔）分列等。

（2）必须与采用的定额相一致。概算、预算的项目及工程量的计算应与定额节、目的设置相一致，定额单位和定额的有关规定相一致。

有的工程项目，其单位可以有两种表示方式，如喷混凝土可以用 m^2，也可以有 m^3；混凝土防渗墙可以用 m^2（阻水面积），也可以用 m（进尺）和 m^3（混凝土浇筑），高压喷射防渗墙可以用 m^2（阻水面积），也可以用 m（进尺）。设计采用的工程量单位应与定额单位相一致，如不一致则应按定额的规定进行换算，使之一致，工程量计算也要与定额的规定相适应，例如岩基帷幕灌浆，如果定额中已将建筑物段的钻孔、封孔工作量摊入岩基段的钻孔灌浆中，则工程量只能计算岩基段钻灌量。

第 4 节　房屋建筑工程工程量计算

5.4.1　统筹法计算工程量的原理

房屋建筑工程量计算虽有着各自的特点，但都离不开计算“线”、“面”之类的基数，它们在整个工程量计算中常常要反复多次使用。因此，根据这个特性和建筑预算定额的规定，运用统筹法原理，对每个分项工程的工程量进行分析，然后依据计算过程的内在联系，按先主后次，统筹安排计算程序，从而简化了繁琐的计算，形成了统筹计算工程量的计算方法。

1. 利用基数　连续计算

就是以“线”或“面”为基数，利用连乘或加减，算出与它有关的分项工程量。基数就是以“线”或“面”的长度和面积。

（1）“线”是指按建筑物平面图中所示的外墙和内墙的中心线和外边线。“线”分为三条：

1）外墙中心线——代号 $L_{中}$，总长度 $L_{中}=L_{外}-$墙厚$\times 4$。

2）内墙净长线——代号 $L_{内}$，总长度 $L_{内}=$建筑平面图中所有内墙净长度之和。

3）外墙外边线——代号 $L_{外}$，总长度 $L_{外}=$建筑平面图的外围周长之和。

根据分项工程量计算的不同需要，利用这三条线为基数。与“线”有关的计算项目有：

外墙中心线——外墙基挖地槽、基础垫层、基础砌筑、墙基防潮层、基础梁、圈梁、墙身砌筑等分项工程。

内墙净长线——内墙基挖地槽、基础垫层、基础砌筑、墙基防潮层、基础梁、圈梁、墙身砌筑、墙身抹灰等分项工程。

外墙外边线——勒脚、腰线、勾缝、外墙抹灰、散水等分项工程。

（2）“面”是指建筑物的底层建筑面积，用代号 S 表示，要结合建筑物的造型而定。“面”的面积按图纸计算，即

底层建筑面积 S = 建筑物底层平面图勒脚以上外围水平投影面积

与“面”有关的计算项目有：平整场地、面积、楼面和天棚等分项工程。

一般工业建筑和民用建筑工程，都是在这三条“线”一个“面”的基数上，连续计算它的工程量。换句话说，也就是把这三条“线”和一个“面”先计算好，作为基数，然后利用这些基数再计算与它们有关的分项工程量。

例如：以外墙中心线长度为基数，可以连续计算出与它有关的地槽挖土、墙基垫层、墙基砌体、墙基防潮层等分项工程量，其计算程序如图 5.1 所示。

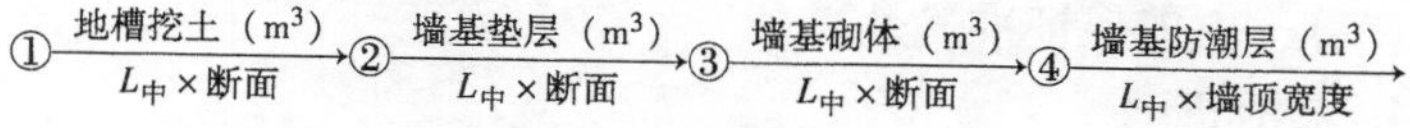

① —地槽挖土（m^3）/ $L_{中}$×断面→ ② —墙基垫层（m^3）/ $L_{中}$×断面→ ③ —墙基砌体（m^3）/ $L_{中}$×断面→ ④ —墙基防潮层（m^3）/ $L_{中}$×墙顶宽度→

图 5.1　计算程序（一）

2. 统筹程序　合理安排

工程量计算程序的安排是否合理，关系着预算工作的效率高低、进度快慢。预算工作量的计算，按以往的习惯，大多数是按施工程序或定额顺序进行的。因为预算有预算程序的规律，违背它的规律，势必造成繁琐计算，浪费时间和精力。统筹程序，合理安排，可克服用老方法计算工程量的缺陷。因为按施工顺序或定额顺序逐项进行工程量计算，不仅会造成计算上的重复，而且有时还易出现计算差错。举例如下：

室内地面工程有挖土、垫层、找平层及抹面层等 4 道工序。如果按施工程序或定额顺序计算工程量则如图 5.2 所示。

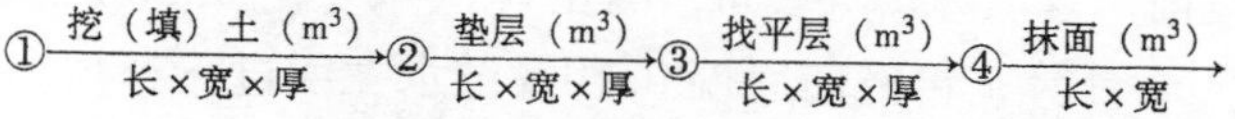

① —挖（填）土（m^3）/ 长×宽×厚→ ② —垫层（m^3）/ 长×宽×厚→ ③ —找平层（m^3）/ 长×宽×厚→ ④ —抹面（m^3）/ 长×宽→

图 5.2　计算程序（二）

这样，“长×宽”就要进行4次重复计算。如改用统筹法计算安排程序，则如图5.3所示。

$$①\xrightarrow[\text{长}\times\text{宽}]{\text{抹面}(m^3)}②\xrightarrow[\text{抹面}\times\text{厚}]{\text{挖土}(m^3)}③\xrightarrow[\text{抹面}\times\text{厚}]{\text{垫层}(m^3)}④\xrightarrow[\text{抹面}\times\text{厚}]{\text{找平层}(m^3)}$$

图5.3 计算程序（三）

图5.1安排程序没有抓住基数，4道工序就需要重复计算4次“长×宽”，显然不科学。图5.2安排程序是把计算程序进行统筹，抓住抹面这道工序，“长×宽”只算一次，就把另3道工序的工程量更方便地计算出来了。

3. 简便运算

对于那些不能用“线”和“面”基数进行连续计算的项目，应事先组织力量，将常用数据一次算出，汇编成建筑工程量计算手册。当需计算有关的工程量时，只要查手册就能很快算出所需要的工程量来。这样可以减少以往那种按图逐项地进行繁琐而重复的计算，亦能保证准确性。

4. 灵活机动

用“线”、“面”、“册”计算工程量，只是一般常用的工程量基本计算方法。实践证明，在一般工程上完全可以利用。但在特殊工程上，由于基础断面、墙宽和砂浆等级和各楼层的面积不同，就不能完全用线或面的一个数作基础，而必须结合实际情况灵活地计算。

（1）分段法。例如基础砌体断面不同时，采用分开线段计算的方法。

假设有三个不同的断面：Ⅰ断面、Ⅱ断面、Ⅲ断面，则基础砌体工程量为

$$L_{\text{中}\,\mathrm{I}}\times S_{\mathrm{I}}+L_{\text{中}\,\mathrm{II}}\times S_{\mathrm{II}}+L_{\text{中}\,\mathrm{III}}\times S_{\mathrm{III}}$$

（2）补加法。例如散水宽度不同时，进行补加计算的方法。

假设前后墙散水宽度2m，两山墙散水宽度1.50m，那么首先按1.50m计算，再将前后墙0.50m散水宽度进行补加。

（3）联合法。用线和面这个基数既套不上又串不起来的工

程量，可用以下两个方法联合进行计算。

1）用“列表查册法”计算。如“门窗工程量明细计算表”、“钢筋混凝土预制构件工程量明细表”等，利用这两张表可套出与它有关的项目和数量。

2）按图纸尺寸“实际计算”。这其中一些项目虽进行了一些探索，找出了一些规律，但还必须进一步研究，充实完善。

需要特别强调的是，在计算基数时，一定要非常认真细致，因为70%~90%的工程项目都是在三条“线”和一个“面”的基数上连续计算出来的，一旦基数计算出了差错，那么，这些在“线”或“面”上计算出来的工程量则全都错了。所以，计算出正确基数极为重要。

5.4.2 建筑工程量计算规则要点

1. 土方工程

（1）有关规定要点。

1）土方划分为四类，其挖、运、填均按天然密实状态为准计算体积。

2）沟槽深度一律以室外地坪标高为准计算，其挖土则按不同的土壤类别、挖土深度、干湿土分别计算工程量。

3）挖沟槽、挖基坑、挖土方三者的区分：挖沟槽是指凡图示沟槽底宽在3m以内，且槽长大于3倍槽底宽以上者；挖基坑为坑底面积小于20m^{2}者；其余为挖土方。

4）平整场地：是指建筑场地挖、填方厚度在±300mm以内者。

5）挖干土与湿土的区别：以常水位为准，以上为干土，以下为湿土。

6）挖湿土与挖淤泥的区别：湿土是指常水位以下的土，淤泥是指在静水或缓慢流水环境中沉积并经生化作用形成的糊状粘性土。

7）挖土与山坡切土的区别：切土是指挖室外地坪以上的土，挖土是指挖室外地坪以下的土。

8）挖沟槽、基坑、土方需放坡时，如施工组织设计无规定，则按表5.2规定计算放坡。

表5.2　　坡度系数表

土壤类别	放坡起点（m）	人工挖土	机械挖土	
			坑内作业	坑上作业
一、二类土	1.20	1:0.5	1:0.33	1:0.75
三类土	1.50	1:0.33	1:0.25	1:0.67
四类土	2.00	1:0.25	1:0.10	1:0.33

注　1. 沟、坑中土壤类别不同时，分别按其放坡起点、放坡比例以不同土壤厚度加权平均计算。

2. 计算放坡工程量时，交接处的重复工程量不扣除，原沟、坑有基础垫层时，放坡自垫层上表面起计算。

9）挖沟、坑时其底面计算（实际）宽度，按如下规定计算：

①当支挡土板挖土时：计算底宽＝设计底宽＋200mm（每边各加100mm）；

②当砌砖基础挖土时：计算底宽＝设计底宽＋400mm（每边各加200mm）；

③当砌石基础挖土时：计算底宽＝设计底宽＋300mm（每边各加150mm）；

④当支模浇混凝土基础垫层时：计算底宽＝设计底宽＋600mm（每边各加300mm）；

⑤当支模浇混凝土基础时：计算底宽＝设计底宽＋600mm（每边各加300mm）；

⑥当基础垂直面做防水层时：计算底宽＝设计底宽＋1600mm（每边各加800mm）。

10）基坑排水费：是指底面积大于$20m^2$的基坑土方开挖后，在基础工程施工期间所发生的抽水费用。

11）回填土：分为松填和夯填，以m^3计算，定额内已包括5m范围内取土；如在5m外取土时，需另增运土费。取自然土作回填土时，应另按土壤类别计算挖土费。

12）运土方、淤泥：按运输方式和运距以 m^3 计算；运堆积（堆期 1 年内）松土时，除按运土定额执行外，另增加挖一类土定额计算，每立方米虚土可折算为 0.77m^3 实土。

（2）主要计算规则。

1）平整场地：按建筑物外墙外边线每边各加 2m，以 m^2 计算，即

平整场地 = 底层建筑面积 + 外墙外边线长度 ×2 + 16

2）挖沟槽：按沟槽长度乘以沟槽截面积以 m^3 计算。

沟槽长度：外墙按图示中心长度计算；内墙按净长度计算。

沟槽宽度：按设计宽度加施工工作面宽度计算。

如有凸出墙面的垛、附墙烟囱等体积并入沟槽内计算。

3）挖基坑、挖土方：

不放坡时：按坑底面积乘以挖土深度以 m^3 计算。

需放坡时：按 $\frac{H}{6}(F_1+4F_0+F_2)$，以 m^3 计算。

式中：H——挖土深度，m，按图示坑底至室外设计标高的深度计算；

F_1——坑上底面积，m^2；

F_2——坑下底面积，m^2；

F_0——坑中截面积，m^2。

4）沟槽基坑及室内回填土：

沟槽、基坑回填土体积 =（挖土体积）-（设计室外地坪以下墙基体积 + 基础垫层体积）

室内回填土体积 = 主墙间净面积 × 填土厚度（不扣柱、垛、附墙烟囱、间壁墙所占面积）

5）余土外运或缺土内运：

余土外运体积 = 挖土体积 - 回填土体积

缺土内运体积 = 回填土体积 - 挖土体积

6）机械土方运距：

①推土机运距：按挖方区重心至填方区重心之间的直线距离计算；

②铲运机运距：按挖方区重心至卸土区重心加转向距离 45m 计算；

③自卸汽车运距：按挖方区重心至填土区重心的最短距离计算。

2. 桩基础工程

（1）有关规定要点。

1）定额中已考虑土壤类别、打桩机类别和规格，执行中不换算。

2）打桩机及其配套施工机械的进（退）场费和组装、拆卸费，应另按实际进场机械的类别和规格计算。

3）打预制混凝土方桩的定额中未计制作费，应另行计算。

4）打（压）预制混凝土方桩定额中取定 C35 混凝土，如设计要求混凝土强度等级与定额规定不同时，不作调整。

5）打（压）预制混凝土方桩如设计有接头，应另按“接桩”定额计算；管桩接头螺栓材料已包括在定额中，不再另行计算。

6）电焊接桩钢材用量，设计与定额不同时，按设计用量乘 1.05 系数调整，但其工料和机械耗量不变。

7）灌注桩如设计要求的混凝土强度等级或砂石级配与定额规定不同时，可以调整。

（2）主要计算规则。

1）打预制混凝土方桩和管桩：按设计桩长（包括桩尖，不扣除桩尖虚体积）乘以桩截面积，以 m^3 计算。管桩应扣除空心体积；若空心部分设计要求灌注混凝土或其他填充料时，则应另行立项计算。

2）打孔混凝土和砂石灌注桩：按设计桩长（包括桩尖，不扣除桩尖虚体积）加 250mm 后乘桩管外径截面积，以 m^3 计算。设计复打时，则乘以复打次数计算。

3）打孔夯扩灌注桩：按设计桩长（包括桩尖，不扣除桩尖虚体积）加250mm及设计夯扩投料长度后乘桩管外径截面积，以m^3计算。

4）钻孔灌注桩：

①钻孔：按钻土孔与钻岩石孔分别以体积计算。

钻土孔体积＝自然地面至岩石表面之深度×设计桩截面面积

钻岩石孔体积＝孔入岩深度×设计桩截面面积

②混凝土灌入量：

体积＝（设计桩长＋桩径）×桩截面面积

5）接桩：按每10个接头计算。

6）送桩：按体积＝(自桩顶至自然地坪高度＋500mm)×柱截面面积计算。

7）打拔钢板桩：按钢板桩重量以吨计算。

8）钢筋笼制作：各类灌注桩的钢筋笼按重量以吨计算。

9）截断、修凿桩头：按实际混凝土体积以m^3计算。

10）长螺旋或旋挖钻孔灌注桩：体积(单桩)＝(设计桩长＋250mm)×（螺旋外径）或(设计截面面积)。

11）深层搅拌桩：体积(单桩)＝(设计长度＋250mm)×设计截面面积。

12）泥浆运输量：按钻孔体积以m^3计算。

3. 脚手架工程

（1）有关规定要点。

1）脚手架定额适用于檐高不大于20m建（构）筑物（如前后檐高不同取平均高度)；檐高大于20m时，除按本定额计算外，其超高部分尚需按“超高费定额”增算费用。“檐高”是指室外设计地坪标高至檐口的高度（不包括女儿墙、屋顶水箱、屋顶楼梯间等高度)。

2）定额按钢管脚手架与竹脚手架综合编制，包括挂安全网和安全笆的费用。如实际施工不同均不换算或调整。如施工需搭设斜道则可另行计算。

3）凡砌筑高度大于1.5m的砌体均需计算脚手架。砌体高度不大于3.60m者套用“里脚手”定额，砌体高度大于3.60m者套用“外脚手”定额。同一建筑物高度不同时（山墙按平均高度计算），应按不同高度分别计算，套相应定额。

（2）主要计算规则。

1）砌筑脚手架：按墙面（单面）垂直投影面积，以m^2算。

①外墙脚手架：面积=外墙外边线长度×外墙高度。外墙高度：对平屋面为自室外设计地坪至檐口底面（或女儿墙顶面）的高度；对坡屋面为自室外设计地坪至屋面板面（或椽子顶面）墙中心高度。

如墙外有挑阳台，则每个阳台计算一个侧面（二户连体阳台也只算一个侧面）宽度，计入外墙面长度内。

②内墙脚手架：面积=内墙净长度×内墙净高度。内墙净高度：山墙按平均净高度；地下室按自地下室室内地坪至墙顶面高度。

③独立砖柱脚手架：当柱高度不大于3.60m时，面积=柱结构外围周长×柱高度，套用“里架子”定额。当柱高度大于3.60m时，面积=（柱结构外围周长+3.60m）×柱高度，套用“外架子”（单排）定额。

④外墙两面抹灰脚手架：外墙外面抹灰脚手架已包括在砌筑脚手架内，不另计算。

外墙内面抹灰脚手架，如墙高度大于3.60m，应计算“抹灰脚手架”；如墙高度不大于3.60m，不计算“抹灰脚手架”（其抹灰脚手架费用已包括在“抹灰定额”内）。

2）现浇混凝土脚手架：

①当基础深度大于1.50m、带形基础底宽大于3.0m、独立柱基满堂基础及设备基础的底面积大于$16m^2$时，应套用“满堂脚手架定额×0.5”计算脚手架。

②当现浇混凝土单梁、柱、墙的高度大于3.60m时应计算抹灰脚手架。

单梁：面积 = 梁净长度 × 室内地（楼）面至梁顶面高度。

柱：面积 = （柱结构外围周长 +3.60m） × 柱高度。

墙：面积 = 墙净长度 × 室内地（楼）面至板底高度。

3）墙面抹灰脚手架：面积 = 墙净长 × 墙净高。

如有“满堂脚手架”可利用时，不再计算墙面抹灰脚手架。

4）满堂脚手架：当天棚高度大于 3.60m 时，面积 = 室内净长 × 净宽。不扣除柱、垛、附墙烟囱所占面积。

①基本层：高度不大于 8m 时，计算基本层。

②增加层：高度大于 8m 时，每增加 2m 计算 1 层增加层，其计算式如下：

$$增加层数 = \frac{室内净高(m) - 8m}{2m}$$

当余数小于 0.6m 时，不计算增加层；当余数 =0.6 ~2m 时，按增加 1 层计算。

4. 砌筑工程

（1）有关规定要点。

1）砖墙不分内、外及艺术形式复杂程度区别，砖过梁、圈梁、腰线、垛、挑檐、附墙烟囱及房上烟囱等因素，均已综合考虑在定额内，不另列项目计算。

2）砖墙定额中已包括立门窗框的调直、原浆勾缝用工。加浆勾缝时，应另按相应定额计算。

3）砖砌体内的钢筋加固及墙角、内外墙搭接钢筋应以“t”另行计算，套用“混凝土工程”中的“砌体、板缝加固钢筋”定额。

4）砖砌体要区分不同墙体及设计规定砂浆强度等级，分别列项计算。

5）“零星砌体”是指砖砌小便槽、隔热板砖墩、地板墩等。

6）墙体厚度按表 5.3 规定。

表 5.3　　　　　　砖墙厚度计算表　　　　　　单位：mm

墙厚/砖	1/4	1/2	3/4	1	$1\frac{1}{2}$	2
标准砖	53	115	178	240	365	490
八五砖	43	105	158	216	331	442

7）墙基与墙身的划分：

①同一材料时，以设计室内地坪（或地下室室内设计地坪）为界，以上为墙身，以下为基础。

②不同材料时，位于设计室内地坪 ±300m 以内时，以不同材料为分界线；位于设计室内地坪 ±300m 以外时，以设计室内地坪为分界线。

③砖、石围墙，以设计室外地坪为分界线，以上为墙身，以下为基础。

（2）主要计算规则。

1）砖基础：按实体积以 m^3 计算。

外墙墙基体积 = 外墙中心线长度 × 基础断面面积。

内墙墙基体积 = 内墙基最上一步净长度 × 基础断面面积。

①不扣除体积：基础大放脚 T 形接头；嵌入基础的钢筋、铁件、管道、基础防潮层；通过基础的每个面积不大于 $0.30m^2$ 孔洞。

②应扣除体积：通过基础的每个面积大于 $0.30m^2$ 孔洞；混凝土构件体积。

③应增加体积：附墙垛基础宽出部分体积。

2）墙身：按实体积以 m^3 计算。

外墙体积 = 外墙中心线长度 × 墙厚 × 墙高。

内墙体积 = 内墙净长度 × 墙厚 × 墙高。

①内、外墙长度、厚度：按图示尺寸计算。

②外墙墙身高度：

a. 斜屋面当木屋面板无檐口天棚者——高度算至墙中心线

屋面板底面；

b. 当无屋面板无檐口无天棚者——高度算至墙中心线椽子顶面；

c. 当有屋架且室内外均有天棚者——高度算至（屋架下弦底面+200mm）处；

d. 当有屋架且室内外均无天棚者——高度算至（屋架下弦底面+300mm）处；

e. 当出檐宽度大于600mm者——按实砌高度计算。

平屋面：算至混凝土屋面板底面。

③内墙墙身高度：

a. 内墙位于屋架下者——高度算至屋架底面。

b. 内墙无屋架者——高度算至（天棚底面+120mm）。

c. 内墙有钢筋混凝土楼隔层者——高度算至钢筋混凝土板底面。

d. 内墙有框架梁者——高度算至框架梁底面。

e. 同一墙上板厚不同，或前后墙高度不同者——均按平均高度计算。

应扣除体积：门窗洞口、过人洞、嵌入墙身的混凝土柱、过梁、圈梁、挑梁、暖气包、壁龛；

不扣除体积：梁头、梁垫、板头、檩头、垫木、木楞头、木砖、门窗走头、钢（木）筋、铁件、钢管的体积；每个面积小于0.3m^2的孔洞；

不增加体积：窗台虎头砖、压顶线、山墙泛水、烟囱根、门窗套、3皮砖以下的腰线及挑檐；

应增加体积：附墙砖垛、3皮砖以上的腰线及挑檐；附墙烟囱、通风洞、垃圾道。

3）女儿墙：体积=墙中心线长度×墙厚×墙高。

墙长、墙厚按图示尺寸；墙高自外墙顶面至女儿墙顶面的高度（有混凝土压顶者至压顶底面高度）。

女儿墙按不同墙厚套用“混水墙”定额计算。

4）框架间砌体：体积＝框架间净面积×墙厚度。

①区分清水墙、混水墙、不同砂浆强度，套用相应定额。

②框架外表面镶包砖部分，套用“贴砌砖”定额。

5）砖柱：分清水、混水，不同周长按图示尺寸以 m^3 计算。柱身和柱基工程量合并套用“砖柱”定额。

6）多孔砖、空心砖墙：按图示墙厚以 m^3 计算。不扣除砖空心部分体积，应扣除门窗洞口、混凝土圈梁的体积。

7）砖砌围墙：包括压顶在内按垂直投影面积计算（砖垛已包括在定额内，不另行计算）。

8）零星砌体：指厕所蹲台、水槽脚、灯箱、垃圾箱、台阶挡墙、梯带、花台、花池、地垅墙、支撑地楞的砖墩、房上烟囱、架空板的砖墩等，按体积以 m^3 计算。

9）砖砌台阶：按水平投影面积（不包括梯带）以 m^2 计算。

10）墙基防潮层：

①平面防潮层：面积＝墙基顶面宽度×墙长度。

②立面防潮层：面积＝墙基垂直投影面积。

外墙长度按外墙中心线长度计算；内墙长度按内墙基最上一层净长度计算。

5. 混凝土及钢筋混凝土工程

（1）有关规定要点。

1）本分部工程分为模板、钢筋、混凝土三大单项定额，编制预算时应分别计算套用。为便于快速计算，定额中还列出“混凝土构件含模量、钢筋含量表”。只要将混凝土构件的体（面）积分别乘以该构件的模板、钢筋含量，即可得出模板、钢筋的工程量，然后再套用单项定额。按图计算模板量与用含模量计算模板量（m^2），只能使用某一种方法，不得相互串用。

2）现浇混凝土模板定额按不同构件，分别编制了组合钢模配钢支撑、复合木模配钢支撑。使用时，可任选其中一种分别套用定额。

3）预制混凝土模板定额，按不同构件，分别以组合钢模、定型钢模、木模、复合木模等模板编制的，如实际工程使用其他模板时，不予换算。

4）现浇混凝土柱、梁、墙板的支模高度以3.60m为准，超过3.60m的部分，应另按每增高1m计算增加支撑工程量。

5）室内净高大于3.60m的混凝土框架（不包括肋形梁、板），应按框架部分轴线面积增加脚手架费用。

6）整板基础、带形基础的反梁或地下室墙侧面的模板用砖侧模时，砖侧模的费用应另增加，但同时应扣除相应同面积的模板费用。

7）钢筋以不同品种，按现浇、预制和预应力构件中钢筋，分别编制定额项目（接头搭接耗用电焊条和钢筋余头损耗已包括在定额内），使用时应根据设计图纸的品种分别套用定额。

8）现浇构件的钢筋按单位工程中的主筋（指设计图纸中用量最多的一种钢筋）重量划分。单位工程中现浇构件的光圆钢筋和螺纹钢筋按两种最重的钢筋分别套用定额（套用的工程量是单位工程现浇构件中光圆钢筋的总量和螺纹钢筋的总量）。

9）预制构件的钢筋按单项构件的主筋（指单项构件中主筋重量最大的钢筋）重量划分。当预制单项构件中同时使用光圆钢筋和螺纹钢筋时，工程量应按两筋之和按其重量最多的一种筋套用定额。

10）先张法预应力构件中，预应力筋和非预应力筋的工程量合并计算，以其预应力筋重量最大的钢筋套用定额。

11）后张法预应力筋不分主筋规格，均按预应力筋计算；其非预应力筋，则以其重量最大的钢筋套用定额。

12）设计图纸注明的钢筋接头长度及未注明的（按规范规定）钢筋搭接长度，均应计入设计钢筋用量中。钢筋绑扎用铁丝、电焊用焊条，均已综合考虑在定额项目内，不另计算。

13）粗钢筋接头采用埋渣焊、冷压套管、锥螺纹等接头者，均执行钢筋接头定额，接头按个数计算。计算了接头个数，则搭接长度应扣除。

14）现浇预制构件的钢筋以绑扎和点焊分别列项，实际施工时应分别套用。

15）钢筋制作和绑扎的人工，按制作占40%、绑扎占60%计算。

16）“小型混凝土构件”是指单体体积不大于0.05m^3的构件。

17）构件厂生产的构件，混凝土定额子目中已考虑了厂内构件运输、堆码等工作内容。

18）定额中已按425水泥标号列出了常用的混凝土强度等级，如使用不同标号水泥时可以换算。

（2）主要计算规则。

1）模板。

①现浇混凝土模板应区分不同材质，按与混凝土接触面积以m^2计算。

墙、板上每个不大于0.30m^2的空洞不扣其面积，洞侧壁模板面积不另增加，但凸出墙、板面的模板内、外侧壁应相应增加面积。每个大于0.30m^2的空洞应扣其面积，但洞侧壁模板面积并入墙、板模板面积内计算。

墙上单面附墙柱，并入墙内工程量计算；双面附墙柱，按柱工程量计算。柱与梁、柱与墙、梁与梁等连接的重叠部分及伸入墙内的梁头、板头部分均不计算模板面积。

②现浇混凝土柱、墙、板的支模高度（自室外地坪至板底或板面至板底之间的高度）和梁的支模高度（自室外地坪至梁底之间的高度）以小于等于3.60m为准，大于3.60m以上的部分，另按超过部分计算增加支撑工程量。

③预制混凝土板间或边补现浇板缝的模板按平板定额计算。

④构造柱外露面均应按图示外露部分计算模板面积（如外露面是锯齿形，则按锯齿形最宽面计算模板宽度），而构造柱与墙接触面不计算模板面积。

⑤现浇混凝土悬挑板、雨篷、阳台，均按图示外挑部分尺寸

的水平投影面积计算（牛腿梁及板边模已包括，不另计算）。若雨篷挑出大于1.5m或柱式雨篷的模板、混凝土不套雨篷定额，按相应的有梁板和柱计算。

⑥现浇混凝土楼梯，按图示露明尺寸的水平投影面积计算。计算时不扣除宽度不大于200mm楼梯井所占面积；楼梯踏步、踏步板平台梁等侧面模板亦不另增算。

⑦混凝土台阶不包括梯带，按图示台阶尺寸的水平投影面积计算，端头两侧不另计算模板面积。梯带侧模板按混凝土接触面积以m^2计算，套“圈梁”定额。

⑧现浇混凝土小型池槽按构件外围面积计算，池槽内、外侧及底部的模板不另计算。

⑨栏板、栏杆按延长米计算。楼梯的栏板、栏杆，可按水平长度乘以1.15系数计算。

⑩砖侧模分别不同砖模厚度，按实砌面积以m^2计算。侧模一面抹灰已包括在定额内，不另计算。

⑪屋面水箱底板、墙、顶盖模板，将工程量合并按混凝土接触面积以m^2计算。

⑫现场预制混凝土构件模板，除另有规定者外均按混凝土接触面积以m^2计算。其中，预制桩不扣除桩尖虚体积。

⑬工厂预制混凝土构件的模板，除漏空花格窗、花格芯按外围面积以m^2计算外，均按构件的实体积以m^2计算。其中，混凝土地模已包括在定额中，不再另行计算；空腹构件应扣除空腹体积。

2）钢筋。

①钢筋应区分现浇、预制、预应力构件及不同钢种，分别按设计展开长度乘以单位理论重量以“t”计算。如理论与实际重量不符时，由甲、乙双方共同进行调整。

计算钢筋重量时，设计已规定搭接长度者，按规定搭接长度计算；设计未规定搭接长度者，则按规范规定长度计算。

钢筋电渣压力焊、锥螺纹、套管挤压等接头以“个”计算。

②先张法预应力筋，按设计规定长度计算。后张法预应力

筋，按设计图规定的预应力筋预留孔道长度，区别不同的锚具类型，分别计算。

③混凝土构件中预埋铁件，按设计重量以“t”计算。钢筋、铁件由加工厂到现场的运输费用应按“t”，另列项目计算。

3）现浇混凝土。

除另有规定者外，工程量均按图示尺寸实体积以 m^3 计算。构件内钢筋、铁件及墙、板中每个不大于 $0.3m^2$ 孔洞等所占体积均不扣除。

①基础：有梁带形基础当（梁高/梁宽）不大于4:1时，按梁式带形基础计算；当（梁高/梁宽）大于4:1时，则基础底部按板式基础及上部按墙计算。

满堂（板式）基础分有梁式和无梁式，应分别计算；带有边梁者，按有梁式满堂基础套用定额。

箱式满堂基础应分别按无梁式满堂基础、柱、墙、梁、板有关规定计算，套相应的定额项目。

独立柱基、桩承台按图示尺寸实体积以 m^3 计算至基础扩大顶面。

杯形基础套用“独立柱基”定额项目。杯口外壁高度大于杯口外长边的杯基，套“高颈杯基”定额项目。

②柱：按图示断面尺寸乘以柱高以 m^3 计算。柱高按以下规定确定：

有梁板柱高应自柱基（或楼板）上表面至上一层楼板上表面之间的高度计算（如是现浇板时，应算至板的下表面）。

无梁板柱高应自柱基（或楼板）上表面至柱帽下表面之间的高度计算。

框架柱柱高应自柱基上表面至柱顶高度计算。

构造柱柱高按全高计算，与砖墙嵌接部分的体积并入柱身体积内计算。

柱牛腿并入相应柱身体积内计算。

③梁：按图示断面尺寸乘以梁长以 m^3 计算。梁长按下列规

定确定：

梁与柱连接梁长算至柱侧面。

主梁与次梁连接时次梁长算至主梁侧面。伸入墙内梁头、梁垫体积并入梁体积内计算。

过梁、圈梁应分别计算。过梁长度按图示尺寸或按门窗洞口外围宽度加500mm计算。

挑梁按“挑梁”计算，其压入墙身部分按圈梁计算。

花篮梁二次浇筑部分套“圈梁”定额。

④板：按图示面积乘以板厚以m^3计算（梁板交接处不得重复计算）。

有梁板（包括主、次梁）按梁、板体积之和计算。

无梁板按板和柱帽体积之和计算。

平板按板实体积计算；伸入墙内的板头并入板体积内计算。

现浇挑檐、天沟与板（包括屋面板、楼板）连接时，以外墙面为分界线；与圈梁（包括其他梁）连接时，以梁外边线为分界线。外墙边线以外或梁外边线以外为挑檐、天沟。

预制板板缝宽度大于100mm者，现浇板缝按平板计算。

⑤墙：实体积=墙长×墙高×墙厚。

墙长：外墙按图示中心线长度；内墙按净长度。

墙高：墙与梁平行重叠，算至梁底面；墙与板相交，算至板底面。

应扣除门、窗洞口及每个大于$0.3m^2$孔洞体积；单面墙垛并入墙体积内计算，双面墙垛（包括墙）按柱计算。

⑥现浇混凝土楼梯：按水平投影面积计算。

定额内已包含休息平台、平台梁、斜梁及楼梯的连接梁；计算时，不扣除宽度小于等于200mm的楼梯井及不增加伸入墙内部分的面积；楼梯与楼板连接时，楼梯算至楼梯梁外侧面。

⑦阳台、雨篷、悬挑板按伸出墙外的（包括牛腿）水平投影面积计算。墙内梁按圈梁计算。

⑧栏杆、栏板、扶手、下嵌按长度（包括伸入墙内长度）

乘以断面面积计算。其中：栏杆、扶手、栏板的斜长按水平长度乘以1.15系数。

⑨台阶（包括梯带）：按图示尺寸实体积以 m^3 计算。

⑩预制混凝土框架梁与柱现浇接头按长度乘以断面计算。套用“柱接柱”定额。

4）现场、工厂预制混凝土。

工程量均按图示尺寸实体积计算。应扣除多孔板内圆孔体积；不扣除构件内钢筋、铁件、预应力筋预留孔及板内每个小于 $0.3m^2$ 孔洞所占的体积。

①预制桩：体积 = 桩长（包括桩尖）×断面面积（不扣除桩尖虚体积）。

②混凝土与钢杆组合构件：混凝土按构件实体积以 m^3 计算，钢杆件另行计算。

③楼梯、桁条、板类及厚度不大于50mm薄型构件按图示体积加1.3%损耗计算。

5）混凝土构件接头灌缝

①混凝土构件接头灌缝包括构件坐浆、灌缝、塞板梁缝等，工程量均按预制混凝土构件实体积以 m^3 计算。

②多孔板圆孔堵头的人工、材料已包括在定额内，不另行计算。

6. 构件运输及安装工程

（1）有关规定要点。

1）构件运输包括混凝土构件、金属结构构件及木门窗的运输，适用于构件堆放或构件厂至施工现场的运输。

2）构件运输按构件类别和外形尺寸进行分类（混凝土构件分五类，金属构件分三类），套用相应定额。

3）混凝土构件和金属结构构件安装定额，均不包括为安装工作所搭设的脚手架，若发生时应另行计算。

4）安装定额中不包括构件安装后的填缝、灌浆等工作，若发生时应另行计算。

5）预制混凝土平板、空心板、小型构件安装的吊装机械费用已包括在垂直运输机械定额中，其安装材料费和电焊机按搭吊安装定额执行。

（2）主要计算规则。

1）混凝土构件运输及安装按图示尺寸实体积以 m^3 计算；金属构件按图示尺寸重量以 t 计算（安装用螺栓、电焊条已包括在定额内）；木门窗按洞口面积以 m^2 算。

2）天窗架、端壁、桁条、支撑、楼梯、板类及厚度小于等于50mm 薄型混凝土构件，按运输0.8%及安装0.5%的损耗率计算后并入混凝土构件工程量内。

3）加气混凝土板块、硅酸盐块运输每 $1m^3$ 折合混凝土构件体积 $0.4m^3$，按Ⅱ类构件运输计算。

4）小型构件安装包括：沟盖板、通气道、垃圾道、楼梯踏步板、隔断板及每件体积小于等于 $0.1m^3$ 的构件。

5）金属构件安装按图示钢材重量以吨计算，不扣除切边、切肢、孔眼重量；焊条、铆钉、螺栓等重量也不增加。

7. 门窗及木结构工程

（1）有关规定要点。

1）木门窗框、扇定额断面，框以边框断面为准（框裁口如为钉条者加贴条的断面），扇料以主梃断面为准。如设计断面与定额取定断面不同时，应按比例换算。其换算式为

$$\text{设计(断面) 材积}(m^3/100m^2) = \frac{\text{设计断面(加刨光损耗)}(cm^2)}{\text{定额取定断在}(cm^2)} \times \text{定额取定材积}(m^3)$$

$$\text{调整材积}(m^3/100m^2) = \text{设计断面材积} - \text{定额取定材积}$$

2）定额门窗五金、铁件配件表，仅作备料参考，实际施工时应按设计要求调整数量。

3）木门窗场外制作点至安装地点的运输应另行计算。

4）铝合金门窗、铝合金卷闸门、塑料门窗、钢门窗制作费为出厂成品价，其安装是以安装成品编制的（包括五金配件在

内）。由供应地至现场的运杂费，应计入门窗预算价格中。

5）钢门窗玻璃厚度、颜色，如设计与定额不同时，单价可以调整，数量不变。

6）面层、木基层均未包括刷防火涂料，如设计要求时，按油漆、涂料相应定额计算。

（2）主要计算规则。

1）门窗：门窗制作安装均按门窗洞口面积以 m^2 计算。

①连窗门应合并计算，套“连窗门”定额。

②普通窗上部带有半圆窗，应按普通窗和半圆窗分别计算。其分界线以普通窗和半圆窗之间的横框上裁口线为分界线。

③钢门窗安装玻璃，按其洞口面积计算；钢门上部有玻璃，按安装玻璃部分面积计算。

④卷闸门安装按洞口高度加600mm乘以实际宽度计算。电动装置安装以“套”计算，小门安装增加费以“扇”计算。

2）天棚龙骨（楞木）：按主墙间实铺面积计算。不扣除间壁墙、检查口、附墙烟囱、柱、垛和管道所占的面积；但天棚中的折线、圆弧形、高低吊灯槽等面积也不展开计算。

3）木装修：

①门窗盖口条、披水条：按图示尺寸以延长米计算。

②门窗贴脸：按门窗洞口尺寸外围长度以延长米计算，双面钉贴脸者乘系数2。

③窗帘盒（含窗帘轨）：按图示尺寸以延长米计算。设计如无规定时，按窗口宽度两边共加300mm计算。单独安装窗帘轨（杆），也按以上规定计算。

④挂镜线：按设计长度以延长米计算。挂镜线与窗帘盒或门窗洞口相连接时，应扣除窗帘盒与窗洞口长度。

⑤筒子板（门窗套子、大头板）：按图示尺寸展开面积计算。

⑥窗台板：按面积计算，其中：长度 = 洞口宽度 + 200mm。

8. 楼地面工程

（1）有关规定要点。

1）各种混凝土、砂浆强度等级、配合比，如设计要求与定额规定不符时，可以换算。

2）整体、块料面层中的楼地面项目，均不包括踢脚板工料；楼梯不包括踏脚板、楼梯侧面及板底抹灰，应另按相应定额项目计算。

3）踢脚板高度是按150mm编制的，如设计高度与定额高度不同时，材料用量可以换算，但人工、机械不变。

4）扶手、栏杆、栏板适用于楼梯、走廊及其他装饰性栏杆、栏板。扶手、栏杆定额项目中包括了弯头的制作、安装。

5）台阶不包括牵边、侧面装饰，应另按相应定额项目计算。

6）“零星装饰”定额，适用于小便池、蹲位、池槽等装饰。

7）基础垫层按本分部相应子目执行；钢筋混凝土垫层按混凝土垫层项目执行，其钢筋部分按“钢筋混凝土工程”分部相应项目计算。

（2）主要计算规则。

1）地面垫层：按主墙间净空面积乘以设计厚度以 m^3 计算。其中：应扣除凸出地面构筑物、设备基础、室内管道、地沟等所占体积；不扣除柱、垛、间壁墙、附墙烟囱及每个不大于 $0.3m^2$ 孔洞所占体积。

2）基础垫层：按垫层图示尺寸面积乘以设计厚度以 m^3 计算。

3）整体面层、找平层：按主墙间净空面积以 m^2 计算。其中：应扣除凸出地面构筑物、设备基础、室内管道、地沟等所占面积；不扣除柱、垛、间壁墙、附墙烟囱及每个不大于 $0.3m^2$ 孔洞所占面积；不增加门洞、空圈、壁龛、暖气包槽的开口部分面积。

4）块料面层：按图示尺寸实铺面积以 m^2 算。应扣除柱、垛所占面积；增加门洞、空圈、暖气包槽、壁龛等的开口部分面积。

5）楼梯面层：按楼梯间水平投影面积以 m^2 算。其中包括踏步、平台、宽度小于等于 200mm 的楼梯井在内；楼梯间与走廊连接的，算至楼梯梁（或走廊墙）的外侧。

6）台阶面层：按水平投影面积以 m^2 算（包括踏步及最上一层踏步沿 300mm）。

7）踢脚板：按延长米计算。不扣除洞口、空圈的长度；不增加洞口、空圈、垛、附墙烟囱等侧壁长度。

8）散水、防滑坡道：按图示尺寸以 m^2 算。

9）明沟、防滑条：按图示尺寸以延长米计算。

9. 屋面及防水工程

（1）有关规定要点。

1）瓦材规格如实际使用与定额取定规格不同时，其数量换算，其他不变。

2）变形缝填料、盖缝、木板盖缝等断面，如设计使用与定额取定不同时，用料换算，人工不变。

（2）主要计算规则。

1）瓦屋面：按图示尺寸水平投影面积乘以屋面坡度系数以 m^2 算。不扣除房上烟囱、风帽底座、风道、屋面小气窗、斜沟等所占面积；不增加屋面小气窗出檐部分面积。

2）卷材屋面：按图示尺寸展开面积以 m^2 算。应扣除通风道所占面积；不扣除房上烟囱、风帽底座所占面积；应增加伸缩缝女儿墙（均按弯起高度为 250mm 计算）、天窗（按弯起 500mm 计算）等面积；卷材的附加层、接缝、收头、冷底子油、基底处理剂等均已计入定额内，不另计算。

3）屋面找平层：工程量同卷材屋面，其嵌缝油膏已包括在定额内，不另计算。

4）刚性屋面：按图示尺寸水平投影面积乘以屋面坡度系数以 m^2 算。不扣除房上烟囱、风帽底座、风道所占面积。

5）涂膜层面：工程量计算同卷材屋面，油膏嵌缝以延长米计算。

6）屋面排水：

①铁皮排水：按图示尺寸展开面积以 m^2 算。如图纸未注明尺寸时，按铁皮排水单体零件折算表规定计算，其中咬口、搭接已包括在定额内，不另计算。

②铸铁、玻璃钢、塑料落水管：应区别不同直径、规格，按图示尺寸以延长米计算。

③雨水口、水斗、弯头：以“只”数计算。

7）地面防水、防潮层，按主墙间净空面积以 m^2 计算。应扣除凸出地面的构筑物、设备基础等所占面积；不扣除柱、垛、间壁墙、附墙烟囱及每个不大于 $0.3m^2$ 孔洞所占面积；当地面与墙面连接处弯起高度 h 不大于500mm者，按展开面积并入地面内计算；当 h 大于500mm者，按展开面积套“立面防水层”定额项目计算。

8）墙基防水、防潮层：按墙长乘以墙宽以 m^2 计算。外墙长度按外墙中心线长度计算；内墙长度按内墙净长度计算。

9）地下防水层：按实铺面积以 m^2 计算。不扣除每个不大于 $0.3m^2$ 孔洞所占面积；平面与立面交接处的防水层弯起高度大于500mm时，按立面防水层计算；地面、地下及墙基防水卷材的附加层、接缝、收头、冷底子油等工料，均已包括在定额内，不另计算。

10）变形缝：按延长米计算。

11）屋面排气道：按相应项目（砖墙、混凝土）分别计算其工程量。

10. 防腐、保温、隔热工程

（1）有关规定要点。

1）整体面层和平面砌块料面层：定额中的各种胶泥、砂浆、混凝土的配合比及面层的厚度，如与设计要求不同时，可以换算，但各种面层的结合层厚度不变。

2）块料面层：以砌平面为准。砌立面时按砌平面的相应子目人工乘以 1.38 系数，踢脚板人工乘以 1.56 系数，其他不变。

3）保温、隔热定额中，只包括保温隔热材料的铺砌，不包括隔气防潮、保护层或衬墙等。

（2）主要计算规则。

1）防腐层：区分不同防腐材料种类及厚度，按实铺面积以 m^2 计算。应扣除凸出地面的构筑物、设备基础等所占面积；应增加凸出墙面部分展开面积。

2）踏脚板：按实铺长度乘以高度以 m^2 计算。应扣除门洞所占面积；应增加侧壁展开面积。

3）保温隔热层：区分不同保温隔热材料，按实铺厚度以 m^2 计算（另有规定者除外）。其中厚度按隔热材料净厚度计算（不包括胶结材料）。

4）地面隔热层：按围护结构墙体间净面积乘以厚度以 m^3 计算。不扣除墙垛所占体积。

5）墙体隔热层：按图示长度乘以高度乘以厚度以 m^3 计算。外墙长度按外墙隔热垫层中心线长度计算；内墙长度按内墙隔热层净长度计算；应扣除冷藏门洞口和管道穿墙洞口所占体积；应增加洞口侧壁的隔热层体积。

6）柱包隔热层：按图示柱的隔热层中心线的展开长度乘以高度乘以厚度以 m^3 计算。

11. 装饰工程

（1）有关规定要点。

1）定额凡注明砂浆种类、配合比、饰面材料型号、规格，如与设计要求不同时，可按设计规定调整，但人工数量不变。

2）定额中已包括 3.60m 以内简易脚手架的搭设、拆除人工及摊销材料。

3）抹灰厚度，如设计规定与定额取定不同时，在不增减抹灰遍数的情况下，按每增减 1mm 定额调整。

4）圆弧形、锯齿形、不规则墙面抹灰，或镶贴块料饰面，按相应项目人工乘以 1.15 系数。

5）面层、隔墙（间壁）、隔断定额内，除注明者外，均未包括压条、收边、装饰线（板），如设计要求时，应按相应定额计算。

6）零星项目适用于挑檐、天沟、腰线、窗台线、门窗套、压顶、栏板、扶手、遮阳板、雨篷、阳台及其侧面、各种壁柜、碗柜、过人洞、暖气壁龛、池槽、花台及不大于 $1m^2$ 面积的抹灰。零星项目中的抹灰展开宽度不大于300mm者，套用“装饰线条”定额。

7）压条、装饰条：以成品安装为准。

8）油漆、喷涂的操作方法和颜色不同时，均不调整。如设计要求的涂刷遍数与定额规定不同时，可按“每增加一遍”定额项目进行调整。

9）油漆定额中已综合考虑在同一平面上及门窗内外面上分色，如需做美术图案者应另行计算。

（2）主要计算规则。

1）墙面、墙裙抹灰：按墙面垂直投影面积以 m^2 计算。应扣除门窗洞口和空圈所占面积；不扣除踢脚板、挂镜线、每个小于等于 $0.3m^2$ 孔洞、墙与构件接触面的面积；不增加门窗洞口侧壁的面积；应增加墙垛和附墙烟囱侧壁的面积。

2）内墙抹灰：按内墙间图示净长度乘以室内净高以 m^2 计算。

3）外墙抹灰：按外墙外边线长度乘以抹灰高度以 m^2 计算。

4）墙裙抹灰：按主墙间净长度乘以设计高度以 m^2 计算。

5）窗台线、门窗套、挑檐、腰线、遮阳板、天沟等抹灰：按图示结构尺寸展开面积以 m^2 计算，套柱、墙面“零星项目”定额。

6）栏板、栏杆（包括立柱、扶手、压顶等）抹灰：按立面垂直投影面积乘以2.2系数，以 m^2 计算，套柱、墙面“零星项目”定额。

7）阳台上、下表面抹灰：分别不同砂浆按水平投影面积以

m^2 计算，套用“零星项目”定额。阳台如带悬臂梁者，其工程量乘以 1.30 系数。

8）雨篷上、下表面抹灰：分别不同砂浆按水平投影面积以 m^2 计算。若雨篷上表面带反檐或反梁者，下表面带悬臂梁者，其工程量均乘以系数 1.20。

9）墙面勾缝：按墙面垂直投影面积以 m^2 计算。应扣除墙面抹灰面积；不扣除门窗洞口、门窗套、腰线等零星抹灰面积；不增加附墙柱和门窗侧壁面积。

10）独立柱抹灰：按结构断面周长乘以柱高以 m^2 计算。

11）单梁抹灰：按梁净长度乘以展开梁宽度以 m^2 计算。

12）墙柱面贴块料面层、装饰面层：按实铺面积以 m^2 计算。

13）装饰条、压条：分别按图示尺寸以延长米计算。

14）天棚抹灰：按主墙间净面积以 m^2 计算。不扣除间壁墙、梁、柱、附墙烟囱、检查口、管道所占面积；应增加带梁天棚、梁两侧面抹灰面积；斜天棚按屋面净面积乘以屋面坡度系数计算。

15）檐口天棚抹灰：按檐口出墙宽度乘以檐口长度以 m^2 计算，并入相应天棚抹灰内。

16）天棚面、墙、柱、梁面喷涂料、抹灰面油漆及裱糊：均按天棚面、墙、柱、梁面装饰工程相应的规则规定计算。

17）木材面、金属面油漆及抹灰面油漆、涂料：按不同油漆、涂料种类、涂刷部位和遍数，采用定额规定的系数乘以工程量，套相应定额项目。

12. 金属结构制作工程

（1）有关规定要点。

1）除注明者外，定额均已包括现场（工厂）内的材料运输、下料、加工、组装及成品堆放等全部工序。但加工点至安装点的构件运输，应另按“构件运输定额”的相应项目计算。

2）构件制作定额均按焊接编制，且已包括刷一遍防锈漆工料。

（2）主要计算规则。

1）金属构件制作按图示尺寸以“t”计算，不扣除孔眼、切边、切角的重量，焊条、铆钉、螺栓等重量已包括在定额内，不另计算。

2）计算不规则或多边形钢板重量时，均以其对角线乘最大宽度的矩形面积计算。

3）钢筋混凝土组合屋架钢拉杆，按屋架钢支撑计算。

4）晒衣架、铁窗栅项目中已包括安装费，但未包括场外运输费。

13. 建筑工程垂直运输定额

1）本定额项目划分是建筑物“檐高”和“层数”两个指标界定的，只要其中一个指标达到定额规定，即可套用该定额子目。檐高指设计室外地坪至檐口的高度（不包括突出屋面的电梯间、楼梯间、女儿墙、水箱等）；层数指地面以上建筑物的自然层。

2）本定额工作内容包括在合理工期内完成单位工程全部工程项目所需的垂直运输机械台班，不包括机械的场外运输、一次安拆及路基铺垫和轨道等铺拆费用。

3）同一建筑物多种用途（或多种结构），按建筑面积量大的（或主体结构）工程套用定额。

4）檐高小于等于3.60m的单层建筑物，不计算垂直运输机械费。地下室建筑面积计入主体建筑面积内，计算垂直运输机械费。

5）混凝土构件使用泵送混凝土浇筑者，每100m^2建筑面积扣塔吊0.95台班。

6）如采用履带式、轮胎式、汽车式起重机（除塔吊外）吊装大型构件的工程，除计算垂直运输费外，尚应按“构件运输及安装工程”分部计算构件吊装费。

7）建筑物垂直运输机械台班用量，区分不同建筑物的结构类型、用途、高度按建筑面积以m^2计算。

14. 建筑物超高增加费用定额

1）本定额适用于建筑物檐高大于20m的工程。同一建筑物高度不同时，分别按不同高度的竖向切面的建筑面积套用定额。

2）超高费用内容包括：人工降效、脚手架加固、脚手架使用周期延长摊销费、水平与垂直笆使用期延长摊销费、安全照明、施工电器防护设施、消防设施摊销费、临边洞口安全防护设施、垃圾道、临时厕所清理、高层施工用水加压等全部所需费用。超高费包干使用，不论实际发生多少，均按定额执行，不调整。

3）层高大于3.60m，按层高每增1m计算增加费用；增高不足1m，按1m计算。

4）单层建筑高度大于20m，其超过部分按每增1m费用，计算超高费用。

5）采用履带式、轮胎式、汽车式起重机（除塔吊外）作大型构件吊装的工程，除计算超高费用外，尚应按“构件运输及安装工程”分部计算构件安装超高费。

6）建筑物超高费以超过20m部分的建筑面积以m^2计算。其中：

①建筑物楼面高度大于20m，则楼层按建筑面积以m^2计算超高费；

②建筑物高度大于20m，但其最高一层或其中一层楼面未超过20m，则该层楼面不能计算超高费，20m以上部分只能计算每增1m高的增加费。

第6章　工程造价定额的编制及应用

第1节　定额与指标

6.1.1　定额的概念

社会生产过程中，为了生产出合格的产品，就必须耗用一定数量的人力、材料、机具、资金等。由于受各种内外因素的影响，生产同一类型同一数量的产品，其消耗量并不一样。消耗越大，产品的成本就越高，在产品价格一定的条件下，企业的盈利就会降低，对社会的贡献也就较低，对国家及企业本身都是不利的，因此降低产品生产过程中的消耗具有十分重要的意义。产品生产过程中的消耗不可能无限降低，在一定的技术组织条件下，必然有一个合理的数额。根据一定时期的生产力水平和产品的质量要求，规定在产品生产中人力、物力或资金消耗的数量标准，这种标准就称为定额。准确地说，定额就是在合理的劳动组织和合理地使用材料和机械的条件下，完成单位合格产品而消耗的物质标准数量。

一定时期的社会生产力水平反映一定时期的定额水平，它与操作人员的综合素质有关，如技术水平、机械化程度及新材料、新工艺、新技术的发展和应用等，与企业的组织管理水平和全体技术人员的社会劳动积极性有关。所以定额不是一成不变的，而是随着生产力水平的变化而变化的。一定时期的定额水平，必须坚持"平均先进"的原则，也就是在一定生产条件下，大多数企业、班组和个人经过努力可以达到或超过的标准。因此，定额必须从实际出发，根据生产条件、质量标准和工人现有的技术水平等因素，经过测算、统计、分析而制定，为了适应不同时期生产发展的需要，以上条件要进行必需的补充和修订。

6.1.2 水利水电工程定额的内容组成

水利水电工程定额，就是在正常施工条件下，完成单位合格工程所必需的人工、材料、机具设备及其资金消耗的数量标准。

水利水电工程建设中现行的各种定额包括总说明、分册分章说明、目录、定额表和有关附录几个部分。其中定额表是各种定额的重要组成部分。

《水利水电建筑安装工程统一劳动定额》（以下简称《劳动定额》）包括各种建筑工程和设备安装工程等20个分册。各分册的定额表内列有各定额项目不同子目的劳动定额或机械台班定额，均以时间定额与产量定额双重表示。一般规定横线上方为时间定额，横线下方为产量定额。

《水利建筑工程概算定额》（以下简称《概算定额》）和《水利建筑工程预算定额》（以下简称《预算定额》）的定额表内列出了各定额项目完成不同子目单位工程量所必需的人工、主要材料和主要机械台时消耗量。在定额表内对完成不同子目单位工程量所必需的零星材料和辅助机械使用费，以“其他材料费”和“其他机械费”列出。

《水利水电设备安装工程概算定额》（以下简称《安装工程概算定额》）和《水利水电设备安装工程预算定额》（以下简称《安装工程预算定额》）的定额表以实物量或以设备原价为计算基础的安装费率两种形式表示。表中所列安装费包括设备安装费和构成工程实体的装置性材料安装费。安装费包括人工费、材料费和机械使用费三个组成部分。

构成工程实体的装置性材料（即被安装的材料，如电缆、管道、母线等）的安装费不包括装置性材料本身的价值。

第2节 劳动定额

劳动定额（人工定额），是指在合理的劳动组织下，完成合格单位产品所必须消耗的劳动时间，或者说在一定的劳动时间内所生产的合格产品的数量。

6.2.1 劳动定额的分类

劳动定额从表达形式上可分为时间定额和产量定额两种。

1. 时间定额

时间定额是指完成单位产品所必须消耗的工时。这是指在合理的生产技术和组织条件下，以一定的技术等级工人小组或个人完成质量合格的产品为前提。定额时间包括准备与结束工作时间、基本工作时间、辅助工作时间、不可避免的中断时间及工人必需的休息时间等。

时间定额，是以一个工人工作日 8h 的工作时间为“一个工日”作单位。

计算方法：

$$\text{单位产品的时间定额(工日)} = \frac{1}{\text{每工产量}}$$

如以小组来计算：

$$\text{单位产品的时间定额(工日)} = \frac{\text{小组成员工日数总和}}{\text{小组班产量}}$$

2. 产量定额

产量定额是单位时间（一个工日）内，完成产品的数量。它同样是要在合理的生产技术和组织条件下，以一定的技术等级工人小组或个人，完成质量合格的产品为前提。

产量定额的单位，以产品的单位计量，如 m、m^2、m^3、t、块、个等。

计算方法：

$$\text{每工产量定额} = \frac{1}{\text{单位产品的时间定额(工日)}}$$

如以小组来计算：

$$每班产量定额 = \frac{小组成员工日数总和}{单位产品的时间定额(工日)}$$

从以上计算公式可以看出，时间定额与产量定额两者互为倒数。即：

$$时间定额 = \frac{1}{产量定额}$$

$$产量定额 = \frac{1}{时间定额}$$

6.2.2　劳动定额的作用

劳动定额是为建筑施工企业的施工生产和管理服务的，其主要作用有：

（1）是建筑施工企业内部组织生产、编制施工作业计划和施工组织设计的依据。

（2）是提高劳动生产率，考核工效或实行定额承包计算人工的依据。

（3）是施工企业实行内部经济核算，贯彻按劳分配的依据。

（4）是编制施工定额的依据。

6.2.3　劳动定额的制定原则

为了确保定额的质量，在制定定额时必须遵循以下原则。

1. 定额水平应取平均先进水平

平均先进水平，是指在正常的施工条件下，经过努力，使多数工人可以达到或超过的定额，以促进少数人赶上或接近的平均水平。

要使劳动定额坚持平均先进的原则，必须处理好三个方面的关系。

（1）正确处理数量与质量的关系。定额水平不仅表现为数量，还应包含质量。劳动定额规定的质量要求，应符合国家颁发的《施工及验收规范》和现行的《建筑安装工程质量检验评定标准》的要求。

（2）合理确定劳动组织。确定定额水平，应按施工过程的技术复杂程度和工艺要求，合理地配备劳动组织，使其成员的技术等级同工作物的技术等级要求相适应，以使较少的劳动消耗，生产出较多的产品。

（3）明确劳动手段和劳动对象。不同的劳动手段（机具、设备）和劳动对象（材料、构件），对劳动者的效率有着不同的影响。因此，必须明确规定该产品所使用的机具、设备，并规定原材料的规格、型号和质量要求。

2. 结构形式要简明适用

劳动定额的项目划分，要适应施工管理的要求，满足工人班组签发工程任务单、考核工作效率的需要。

定额项目要求内容要齐全，文字通俗易懂，计算方法简便，易为群众所掌握。

6.2.4 劳动定额的制定方法

制定劳动定额通常有以下几种方法。

1. 技术测定法

技术测定法是指应用几种计时观察法获得工时消耗数据，从而制定劳动消耗定额。

时间定额是在拟定基本工作时间、辅助工作时间、不可避免中断时间、准备与结束的工作时间以及休息时间的基础上制定的。

（1）拟定基本工作时间。基本工作时间在必须消耗的工作时间中占的比重最大。基本工作时间消耗根据计时观察资料来确定。其做法是，首先确定工作过程每一组成部分的工时消耗，然后再综合出工作过程的工时消耗。

（2）拟定辅助工作和准备与结束工作时间。辅助工作和准备与结束工作时间的确定方法与基本工作时间相同。如果这两项工作时间在整个工作班工作时间消耗中所占比重不超过 5% ~ 6%，可归纳为一项来确定。

如果在计时观察时不能取得足够的测定资料来确定辅助工作和准备与结束工作的时间，也可采用经验数据来确定。经验数据往往是以百分比表示的，参见表 6.1。

表 6.1　辅助和准备与结束工作时间占工作班时间比重

序号	工种名称	工作班内的时间消耗（min）	占工作班(8h)的比重(%)
1	挖土工	7	1
2	瓦　工	17	4
3	钢筋工（制作）	16	3
4	钢筋工（安设）	26	5
5	混凝土工	16	3
6	抹灰工	18	4

（3）拟定必需的中断时间。日常工作中必须注意区别两种不同的工作中断情况。一种是由于班组工人所担负的任务不均衡引起的中断，这种工作中断应该通过改善班组人员编制，合理进行劳动分工来克服；另一种情况是由工艺特点所引起的不可避免中断，此项工作消耗可以列入工作过程的时间定额。

必需的中断时间根据测时资料通过整理分析获得。由于劳动过程中不可避免中断发生较少，加之不易获得充足的资料，也可以根据经验数据，以占工作日的一定百分比确定此项工时消耗的时间定额，辅助和准备与结束工作时间占工作班时间的比重见表6.1。

（4）拟定休息时间。休息时间是指工人恢复正常体力所必需的时间，应列入工作过程时间定额。休息时间应根据工作班作息制度、经验资料、计时观察资料以及对工作的疲劳程度作全面分析来确定。应考虑尽可能利用不可避免中断时间作为休息时间。某规范按工作疲劳程度分六个等级，其休息时间参见表6.2。

表 6.2　休息时间占工作日比重

疲劳程度	轻便	较轻	中等	较重	沉重	最沉重
等级	1	2	3	4	5	6
占工作日比重（%）	4.16	6.25	8.33	11.45	16.7	22.9

（5）拟定时间定额。已经确定了基本工作时间、辅助工作时间、准备与结束工作、必须中断时间和休息时间之后，可以计算劳动定额的时间定额。其计算公式是：

$$定额时间 = \frac{作业时间}{1 - 其他各项时间所占百分比}$$

例如：人工挖土方（土壤系潮湿的粘性土，按土壤分类属二类土）测时资料表明，挖 $1m^3$ 需消耗基本工作时间 60min，辅助工作时间占工作班延续时间 2%，准备与结束工作时间占 2%，不可避免中断时间占 1%，休息占 20%。确定时间定额之和为

$$定额时间 = \frac{60 \times 100}{100 - (2 + 2 + 1 + 20)} = \frac{6000}{75} = 80\text{min}$$

$$时间定额 = \frac{80}{60 \times 8} = 0.166\ 工日$$

根据时间定额可计算出产量定额为：$1/0.166 = 6.02m^3 \approx 6m^3$。

2. 比较类推（类比）法

这是选定一个已精确测定好的典型项目的定额，计算出同类型其他相邻项目的定额的方法。例如：已知挖一类土地槽在不同槽深和槽宽的时间定额，根据各类土耗用工时的比例来推算挖二类、三类、四类土地槽的时间定额；又如：已知架设单排脚手架的时间定额，推算架设双排脚手架的时间定额。

比较类推的计算公式为

$$t = pt_0$$

式中 t——比较类推同类相邻定额项目的时间定额；

p——各同类相邻项目耗用工时的比例（以典型项目为 1）；

t_0——典型项目的时间定额。

【例 9】 已知挖一类土地槽在 1.5m 以内槽深和不同槽宽的时间定额，及各类土耗用工时的比例，推算挖二类、三类、四类土地槽的时间定额。

求挖三类土、上口宽度为 0.8m 以内的时间定额 t_3 为

$$t_3 = p_3 t_0 = 2.50 \times 0.167 = 0.417(\text{工日}/m^3)$$

其余参见表6.3。

表6.3　　挖地槽时间定额推算表　　单位：工日/m³

土壤类别	挖地槽（深在1.5m以内）			
	耗工时比例 p	上口宽度		
		0.8m以内	1.5m以内	3m以内
一类土（典型项目）	1.00	0.167	0.144	0.133
二类土	1.43	0.238	0.205	0.192
三类土	2.50	0.417	0.357	0.338
四类土	3.75	0.629	0.538	0.500

比较类推法计算简便而准确，但选择典型定额务必恰当而合理，类推计算结果有的需要作一定调整。这种方法适用于制定规格较多的同类型产品的劳动定额。

3. 统计分析法

统计分析法是将以往所积累的同类工程或同类型产品工时消耗的统计资料，加以科学地分析、统计，并考虑当前施工技术与组织变化的情况，进行分析研究后，制定定额的方法。

统计分析法计算简便，较经验估计法更能真实反映实际生产水平。它适用于施工条件正常，产品较稳定，统计工作制度健全的施工过程和施工企业。但这种统计资料只是实际工时消耗的记录、没有剔除不合理的因素，所以它只反映已经达到的劳动生产率水平，而不是平均先进水平。为使定额保持平均先进水平，在分析计算时，首先要从统计资料中剔除偏高、偏低及明显不合理的数据，求出算术平均值，再在所统计的数组中，取小于算术平均值的数组计算出平均先进值。

过去的统计数据中，包括某些不合理的因素，水平可能偏于保守。为了克服这种缺陷，使确定的定额符合平均先进水平的原则，可采用二次平均法。二次平均法是先计算平均数作为最低标准，再把比这标准先进的各个数据（即工时消耗小于平均数之

数）选出来，再来一次平均，即得平均先进值，以此作为定额，就是平均先进定额。其步骤是:

（1）剔除统计资料中特别偏高、偏低的明显不合理的数据。

（2）计算算术平均值，将各个资料数据的总和除以资料的总数，即得算术平均值。计算公式为

$$\bar{t} = \frac{t_1 + t_2 + \cdots + t_n}{n}$$

式中 n——统计资料数据个数；

t_1、t_2、…、t_n——数据值。

（3）计算平均先进值，即采用二次平均法计算，就是将平均值与数列中小于平均值的各数值（对于时间定额）的平均值或大于平均值（对于产量定额）的各数值的平均值相加，再求平均值，以此值作为定额，就是平均先进定额。即

$$\bar{t}_0 = \frac{\bar{t} + \bar{t}_n}{2}$$

式中 $\bar{t}_0$——二次平均后的平均先进值；

$\bar{t}$——全数平均值；

$\bar{t}_n$——全数平均值的各数值（对于时间定额）或大于全数平均值的各数值（对于产量定额）的平均值。

【例10】 已知工时消耗数据资料为30、50、60、60、60、50、40、50、40、50，试用二次平均法计算其平均先进值。

解 (1)求全数的平均值。

$$\bar{t} = \frac{1}{10}(30 + 50 \times 4 + 60 \times 3 + 40 \times 2) = 49$$

（2）求小于 $\bar{t}$ 的各数平均值。

$$\bar{t}_n = \frac{30 + 40 \times 2}{3} = 36.67$$

（3）求平均先进值。

$$\bar{t} = \frac{36.67 + 49}{2} = 42.84$$

4. 经验估计法

经验估计法适用于制定多品种产品的定额，完全是凭借经验，根据分析图纸、现场观察、分解施工工艺、组织条件和操作方法来估计。

采用经验估计法时，必须挑选有丰富经验的、秉公正派的工人和技术人员参加，并且要在充分调查和征求群众意见的基础上确定。在使用中要统计实耗工时，当与所制定的定额相比差异幅度较大时，说明所估计的定额不具有合理性，要及时修订。

第3节　施工机械台时（班）费定额

6.3.1　机械作业消耗定额

1. 机械时间定额

机械时间定额指在正常的施工条件和合理的劳动安排下，完成单位合格产品所必需的机械台时数，按下列公式计算：

$$\text{机械时间定额(台时)} = \frac{1}{\text{机械台时的产量}}$$

2. 机械台时产量定额

机械台时产量定额指在正常的施工条件和合理的劳动安排下，每一个机械台时中必须完成的合格产品数量，按下列公式计算：

$$\text{机械台时产量定额} = \frac{1}{\text{机械时间定额(台时)}}$$

例如，塔式起重机吊装一块混凝土楼板，建筑物高在6层以内，楼板重量在0.5t以内，如果规定机械时间定额为0.08台时，那么，台时产量定额则是：1/0.08 =12.5块。

6.3.2　人工配合机械工作定额

人工配合机械工作定额应按照每个机械台班内配合机械工作的工人班组总工日数及完成的合格产品数量来确定。

1. 单位产品的时间定额

单位产品的时间定额指完成单位合格产品所必需消耗的工作

时间，按下列公式计算：

$$\text{单位产品的时间定额(工日)} = \frac{\text{班组总工日数}}{\text{一个机械台班的产量}}$$

2. 机械台班产量定额

机械台班产量定额指每一个机械台班时间中能生产合格产品的数量，按下列公式计算：

$$\text{机械台班产量定额} = \frac{\text{一个机械台班的产量}}{\text{班组总工日数}}$$

过去，由于我国建筑业技术装备的水平较低，所以机械消耗在建筑工程的全部生产消耗中占的比重不大。但是随着生产技术的进一步发展，机械化程度不断提高，机械在更大范围内代替了工人的手工操作。机械消耗在全部生产消耗中作用增大，使施工机械消耗定额变得非常重要。

施工机械台班定额水平标志着机械生产率水平，也反映机械管理水平和机械化施工水平。高质量的施工机械台班定额，是合理组织机械化施工，有效地利用施工机械，进一步提高机械生产率的必备条件。

6.3.3 机械台时（班）产量的计算

机械台时产量等于该机械净工作1h的生产率，机械台班产量（$N_{台班}$）等于该机械净工作1h的生产率（N_h）乘以工作班的连续时间T（一般为8h），再乘以台班时间利用系数K_B，即

$$N_{台班} = N_h T K_B$$

对于某些一次循环时间大于1h的机械施工过程，可以直接用一次循环时间t，求出台班循环次数（T/t），再根据每次循环的产品数量（m），确定其台班产量定额。即

$$N_{台班} = \frac{T}{t} m K_B$$

（1）台班时间利用系数的确定。机械净工作时间（t）与工作班延续时间（T_1）的比值，称为机械台班时间利用系数（K_B），即

$$K_B = \frac{t}{T_1}$$

时间利用系数的确定要依据对机械施工过程进行的多次观测与记录，并参考机械说明书等有关资料。

（2）机械工作1h生产率。对于循环动作机械，如挖土机、混凝土搅拌机等，机械净工作1h生产率（N_h），取决于该机净工作1h的正常循环次数（n）和每次循环所生产的产品数量（m），即

$$N_h = nm$$

循环次数（n）和每次循环所生产的产品数量（m），必须通过实测以及参考机械使用说明书求得。

【例11】 塔式起重机吊装大模板到规定高度就位，每次吊装2块，循环的各组成部分的延续时间测定如下：挂钩时的停车时间12s，上升回转时间63s，下落就位时间46s，脱钩时间13s，空钩回转下降时间43s。试计算1h循环次数和1h生产率。

解 纯工作1h的循环次数为：

$$n = \frac{3600}{12 + 63 + 46 + 13 + 43} = 20.34(次)$$

塔吊纯工作1h的正常生产率为：

$$N_n = 20.34 \times 2 = 40.68(块/h)$$

对于连续动作机械，如碾压机等，机械净工作1h的生产率（N_h）主要根据机械性能来确定。在一定的条件下，净工作1h的生产率通常是一个比较稳定的数值，可通过试验或在施工现场进行实测，并参考机械使用说明书，观察出某一时段（t）的生产量（m），然后计算，即

$$N_h = \frac{m}{t}$$

【例12】 400L的混凝土搅拌机，正常生产率为6.95m^3/h，工作班内的实际工作时间是6.8h，求机械台班使用定额及时间利用系数。

解 机械台班产量 = 6.95 × 6.8 = 47.26m^3

$$每\ m^3\ 混凝土的机械使用定额 = \frac{1}{47.26} = 0.021\ 台班$$

$$机械时间利用系数 = \frac{6.9}{8} = 0.85$$

6.3.4 常用工程机械台时（班）产量定额制定方法

水利水电工程施工机械的主要类型包括：土石方机械、混凝土机械、运输机械、起重机械、工程船舶、基础处理设备、辅助设备、加工设备等。制定这些机械定额的基本要求是一致的。下面详细介绍土方工程机械的台班产量定额制定方法。

水利水电工程施工中土方工程占总工程量比例较大，土方工程包括场地平整，基坑开挖，土坝（堤）填筑及一些特殊土方工程的开挖、回填、压实等。常用的土方工程施工机械有推土机、铲运机、挖土机、装载机、自卸汽车、平地机、羊脚碾等。

土方工程机械施工的工程对象是土，针对不同的土质具有不同的物理力学性质，它们是影响土方工程机械生产率最主要的因素之一。一般是根据岩石的物理力学性质和施工的难易程度，将岩石分为十六类。其中，一至四类是土，五类以上是岩石。表6.4为一般工程土类分级表。

当前，虽然一般定额对土进行以上分类，但还不能全部准确地反映实际施工中的难易程度。因此，在进行机械施工过程的技术测定中，必须特别注意和全面地说明土的特征，尽可能详细测试各种物理力学性质，以便作为制定新的土分类表和修订现行定额的依据。

在土的物理力学性质方面，影响机械生产效率的因素很多，主要有自然容重、含水量、土的可松性。

土的可松性是指自然状态下的土，经挖掘后体积增大的性质。通常用松实系数来表示，松实系数分为最初松实系数和最后松实系数。最初松实系数是指土经挖掘后的松散体积与原自然体积之比，通称松方系数。最后松实系数是指挖掘后的土经碾压以后的体积与原自然体积之比，又称自然方折实方系数。一般土石的松实系数见表6.5。

表6.4　　一般工程土类分级表

土质级别	土质名称	自然湿密度（kg/m^3）	外形特征	开挖方法
Ⅰ	1. 砂土 2. 种植土	1650～1750	疏松，粘着力差或易透水，略有粘性	用锹或略加脚踩开挖
Ⅱ	1. 壤土 2. 淤土 3. 含壤种植土	1750～1850	开挖时能成块，并易打碎	用锹需用脚踩开挖
Ⅲ	1. 粘土 2. 干燥黄土 3. 干淤泥 4. 含少量砾石粘土	1800～1950	粘手，看不见砂粒或干硬	用镐、三齿耙开挖或用锹需用力加脚踩开挖
Ⅳ	1. 坚硬粘土 2. 砾质粘土 3. 含卵石粘土	1900～2100	土壤结构坚硬，将土分裂后成块状或含粘粒砾石较多	用镐、三齿耙工具开挖

表6.5　　土石方松实系数表

项　目	自然方	松　方	实　方	码　方
土　方	1	1.33	0.85	
石　方	1	1.53	1.31	
砂　方	1	1.07	0.94	
混合料	1	1.19	0.88	
块　石	1	1.75	1.43	1.67

松方状态下的松实系数一般都大于1，但对于某些土如大孔性黄土，其最后数则小于1（0.85～0.95之间）；实方土的松实系数小于1。

特别值得注意的是，不同的土有不同的松实系数，同一种土的松实系数往往也不是一个固定值，是随着含水量大小、挖掘方法、堆积高度和其他一些因素的不同而变化的。因此，在拟定土方工程施工的定额时，一般挖运土方定额以土在自然状态下的体积来计算，即以自然方计算；土坝（提）的填筑定额以实方来计算，即按填筑（回填）并经过压实的成品方计算。填筑土坝时，因为施工方法不同，在制定取土备料和运输定额时，一般应增计施工损耗。

下面具体介绍几种土方施工机械台班产量定额的确定方法。

（1）推土机。推土机是土（石）方工程中的主要机械之一，它由拖拉机与推土工作装置（刀片）两部分组成。推土机的功率一般从40kW到575kW不等。其行走装置有履带式和轮胎式两种，传动方式采用机械传动和液压传动；操纵系统分为机械操纵和液压操纵；工作装置的几何尺寸，随机械规格的不同而不同。推土机主要用于平整场地、摊平土料、基面找平、短距离（100m以内）的土方挖运、回填及压实等作业。

推土机推土属于循环作业，其循环的组成部分分为推（切）土、送土、散土（弃土区）、回程等，在进行技术测定时，应分别详细记录推（切）土、送土、散土（送土和散土也可合并统称送土）、回程时间和长度，以及转向、换挡的时间，同时注明推土机的规格、土的特性及名称等情况。

推土机推土的生产率与诸多因素有关，如土性质、运距、行驶速度、地面坡度、时间利用系数等，其生产率可按下面方法进行计算，即

净工作时间1h生产率：

$$N_h = n \times m = \frac{60q}{tK_p}$$

式中 N_h——净工作时间生产率，m^3/h；

n——净工作1h的循环次数，次；

m——每次推土量或称每刀片产量，m^3；

q——刀片容量，指理论上计算的松散体积，m^3；

K_p——土最初松实系数；

t——每一循环的延续时间，min。

$$t = \frac{L_1}{V_1} + \frac{L_2}{V_2} + \frac{L_1 + L_2}{V_3} + t_a + t_b$$

式中 L_1——推（切）土长度，m；

L_2——送土（包括散土）长度，m；

V_1——推土时推土机行驶速度，m/min；

V_2——送土时推土机行驶速度，m/min；

V_3——回程时推土机行驶速度，m/min；

t_a——推土机转向时间，min；

t_b——推土机换挡时间，min。

台班产量定额

$$N_{台班} = 8N_hK_B$$

式中 $N_{台班}$——台班产量定额，m^3/台班；

K_B——时间利用系数，一般在0.8~0.85之间。

定额中推土机的运距是指推土重心至弃土重心的水平距离。当推土机在坡度较大（大于5%）的土坡推土和送土时，对生产效率有较大影响，应加以调整。调整的方法有多种，其中之一是按斜坡度另增加的定额运距，或用升高折距的方法确定。

（2）铲运机。用铲运机挖土和运土在水利水电工程施工中应用较为普遍。铲运机按其行走方式，分为自行式和拖拉式两种；按操纵系统，又可分为机械操纵（钢丝绳操纵）和液压操纵两种。

拖拉式铲运机由履带式拖拉机牵引，并使用装在拖拉机上的动力绞盘或液压系统对铲斗进行操纵，自行式铲运机的牵引机与铲斗是连在一起的，前后均为轮胎式行走装置，铲斗采用液压操纵。铲斗容积从2.5~12m^3不等。铲运机在土方工程中，主要用于场地平整，土方的挖运、铺填、碾压等作业，拖式铲运机适合于800m以内的近距离运土；自行式铲运机则适合于500m以上的距离运土。

铲运机铲运土方的一个工作周期，由铲土、运土、卸土、空回以及转向等工序组成。对铲运机进行计时观察，主要是取得各组成部分的行驶距离和相应的时间以及换挡的操作时间等。铲运机的运距，按每完成一次铲土作业的运行回路全程的一半计算，称之为1/2循环运距，即

铲运机运距 =(铲土长度 + 运土行驶长度 + 卸土长度 + 空回长度 + 二次转向长度)/2

在实际操作中，可用铲运机前轮沿回路行驶一周的转运次数乘以轮胎周长再乘以1/2的方法求得。

铲运机净工作1h生产率的计算方法为：

$$N_h = \frac{60qK_0}{tK_p}$$

$$t = \frac{L_1}{V_1} + \frac{L_2}{V_2} + \frac{L_3}{V_3} + \frac{L_4}{V_4} + t_a + t_b$$

式中 N_h——生产率，m^3/h；

q——铲斗的几何容量，m^3；

K_0——铲斗装土的充盈系数，指装入铲斗内土的体积与铲斗几何容量的比值。一般砂土的充盈系数为0.75，其他土为0.85~1.0，最高可达到1.30；

K_p——土最初松实系数；

t——铲运机每一工作循环的延续时间，min；

L_1、L_2、L_3、L_4——依次为铲土、运土、卸土、空回的行驶长度，m；

V_1、V_2、V_3、V_4——依次为铲土、运土、卸土、空回的行驶速度，m/min；

t_a——铲运机转向的时间，min；

t_b——铲运机换挡的时间，min。

台班产量

$$N_{台班} = 8N_hK_B$$

式中 $N_{台班}$——台班产量定额，m^3/台班；

K_B——时间利用系数，一般在0.75~0.80之间。

（3）单斗挖掘机。它可用来挖掘土（石）方、开挖沟槽、基坑及对散粒状材料进行侧向卸弃或装入汽车运走等。单斗挖掘机按行走装置可分为履带式、轮胎式、铁轨式，其中履带式和轮胎式用得较为广泛；按动力装置可分为内燃发动机式和电动机式；按传动方式可分为机械传动式和液压传动式。单斗挖掘机的工作装置有正铲、反铲、拉铲、抓铲。一般编制定额采用反铲时乘以一定的系数，因此下面主要介绍正铲挖掘机台班产量定额的确定方法。

单斗挖掘机挖土一个工作周期包括：挖斗装土、提升挖斗并同时旋转斗臂停于卸土位置、卸土、旋转斗臂并同时把空斗落下。

土的诸多因素和条件都会影响挖掘机的生产率，如土的性质、含水量的多少、挖土工作面的高度或深度、斗臂回挂的角度、运土机械的规格及数量等。其中，正铲挖掘机工作面的正常高度，可参见表6.6，回转角度对生产率的影响，参见表6.7。

表6.6　正铲挖掘机工作面的正常高度

挖土容积（m^3）	土壤类别		
	一类、二类	三类	四类
	正常工作面高度（m）		
0.5以内	1.3	2.0	2.5
1以内	2.0	2.5	3.0
1.5以内	2.5	3.0	3.5
2以内	3.0	3.5	4.0

注　挖土高度不宜太小，否则挖掘机一次挖土不能装满，生产效率将显著下降。

表6.7　挖掘机回转角度对生产率的影响

土壤类别	回转角度		
	90°	130°	180°
一类、二类、三类、四类	100%	87%	77%

具体根据实际情况，单斗挖掘机挖土容量在1.5m³以内，应配2名司机为宜；1.5m³以上则可配3名司机，并应由不同技术等级的工人组成，因为这样可以较好地利用技术工人的劳动，特别是低级技术工人，可以在与高级技术工人长期的协同工作中，不断提高自己的专业技术水平。

单斗挖掘机挖土的生产率，应根据计时观察的结果，按如下方法计算。

净工作1h生产率：$N_h=\dfrac{60qK_0}{tK_p}$

式中 N_h——生产率，m³/h；

q——挖斗的几何容量，m³；

K_0——挖斗装土的充盈系数；

K_p——土的最初松实系数；

t——每一工作循环的延续时间，应区别装车外运与不装车侧向卸弃两种情况。

6.3.5 施工机械台时（班）定额的编制

1. 拟定施工机械工作的正常条件

机械工作和人工操作相比，劳动生产率在更大的程度上要受到施工条件的影响，编制定额时更应重视确定出机械工作的正常条件。

（1）工作地点的合理组织，是对施工地点机械和材料的放置位置，工人从事操作的场所，作出科学合理的平面布置和空间安排。

（2）拟定合理的工人编制，是根据施工机械的性能和设计能力、工人的专业分工和劳动工效，合理确定操作机械的工人和直接参加机械化施工过程的工人人数，确定维护机械的工人人数及配合机械施工的工人人数。工人的编制往往要通过计时观察、理论计算和经验资料来合理确定，应保持机械的正常生产率和工人正常的劳动效率。

2. 确定机械纯工作1h正常生产率

机械纯工作时间是指机械必须消耗的时间，包括在满载和有根据地降低负荷下的工作时间、不可避免的无负荷工作时间和必要的中断时间。机械纯工作1h正常生产率，是在正常施工组织条件下，由具有必需的知识和技能的技术工人操纵机械工作1h的生产率。

根据机械工作特点的不同，机械纯工作1h正常生产率的确定方法也有所不同。

（1）循环动作机械纯工作1h正常生产率。

循环动作机械如单斗挖土机、起重机等，每一循环动作的正常延续时间包括不可避免的空转和中断时间，但在同一时间区段中不能重叠计时。

对于按照同样次序、定期重复固定的工作与非工作组成部分的循环动作机械，机械纯工作1h正常生产率的计算公式如下：

$$\text{机械一次循环的正常延续时间(s)} = \Sigma(\text{循环各组成部分正常延续时间}) - \text{重叠时间}$$

$$\text{机械纯工作1h正常循环次数} = \frac{3600(\text{s})}{\text{一次循环的正常延续时间}}$$

$$\text{机械纯工作1h正常生产率} = \text{机械纯工作1h正常循环次数} \times \text{一次循环生产的产品数量}$$

从公式中可以看到，计算循环机械纯工作1h正常生产率的步骤是：

1）根据现场观察资料和机械说明书确定各循环组成部分的延续时间。

2）将各循环组成部分的延续时间相加，减去各组成部分之间的重叠时间，计算循环过程的正常延续时间。

3）计算机械纯工作1h的正常循环次数。

4）计算循环机械纯工作1h的正常生产率。

（2）连续动作机械纯工作1h正常生产率。

对于施工作业中只做某一动作的连续动作机械，确定机械纯工作 1h 正常生产率时，要考虑机械的类型和结构特征，以及工作过程的特点，计算公式如下：

$$连续动作机械纯工作1h正常生产率=\frac{工作时间内完成的产品数量}{工作时间(h)}$$

工作时间内完成的产品数量和工作时间的消耗，要通过多次现场观测或试验和机械说明书来取得数据。

对于同一机械进行作业性质不同的工作过程，例如挖掘机所挖土壤的类别不同，碎石机所破碎的石块硬度和粒径不同，均需分别确定其纯工作 1h 的正常生产率。

3. 确定施工机械的正常利用系数

施工机械的正常利用系数指机械在工作班内对工作时间的利用率。机械的利用系数与机械在工作班内的工作状况有着密切的关系。

（1）想要拟定正常的机械工作班状况，关键在于保证合理利用工时，其原则是：

1）注意尽量利用不可避免中断时间以及工作开始前与结束后的时间进行机械的维护和保养。

2）尽量利用不可避免中断时间作为工人休息时间。

3）根据机械工作的特点，对担负不同工作的工人规定不同的工作开始与结束时间。

4）合理组织施工现场，排除由于施工管理不善造成机械停歇。

（2）计算工作班正常状况下，准备与结束工作、机械启动、机械维护等工作所必需消耗的时间，以及机械有效工作的开始与结束时间，从而计算出机械在工作班内的纯工作时间。

机械正常利用系数的计算公式如下：

$$机械正常利用系数=\frac{机械在一个工作班内纯工作时间}{一个工作班延续时间(8h)}$$

4. 计算施工机械定额

确定了机械工作正常条件、机械纯工作 1h 正常生产率和机械正常利用系数之后，采用下列公式计算施工机械定额：

$$施工机械台班产量定额 = 机械纯工作1h正常生产率 \times 工作班纯工作时间$$

或：

$$施工机械台班产量定额 = 机械纯工作1h正常生产率 \times 工作班延续时间 \times 机械正常利用系数$$

对于一次循环时间大于1h的施工过程，则按下列公式计算：

$$施工机械台班产量定额 = \frac{工作班延续时间}{机械一次循环时间} \times 机械每次循环产量 \times 机械正常利用系数$$

$$施工机械时间定额 = \frac{1}{机械台班产量定额指标}$$

6.3.6 计算施工机械台班产量举例

1. 循环式混凝土搅拌机的台班产量计算

（1）计算搅拌机纯工作1h生产率 N_S（m^3/h）：

$$N_S = \frac{3600}{t} m k_A$$

式中 m——搅拌机的设计容量，m^3；

k_A——混凝土出料系数（即混凝土出料体积与搅拌机的设计容量的比值）；

t——搅拌机每一循环的工作延续时间（即上料、搅拌、出料等时间），s。

在测定和计算搅拌机每小时产量时，延续时间 t 与搅拌机的制作工艺密切相关，要注意每一循环工作延续时间 t 的组成。如果上料时要等待砂、石、水泥的运输及出料时要等待混凝土运输车，势必增加总的延续时间 t，在工艺设计和劳动组织中应尽可能避免这种等待时间，以保证搅拌机连续工作。实际测定时，对于延续时间 t 的各个组成部分，应按具体情况进行分析、记录，提出改进生产工艺的合理措施。

（2）计算搅拌机的台班产量定额 N_D（m^3/台班）：

$$N_D = N_S 8 k_B$$

式中　k_B——搅拌机的时间利用系数。

2. 起重机台班产量的计算

（1）确定起重机一个循环的延续时间 t。

$$t = t_{\text{I}} + t_{\text{II}}$$

式中　t_{I}——起重机本身在一个循环组成部分的延续时间（即起重机的起重臂、钩提升、回转、下降到构件就位前的时间），min；

t_{II}——配合起重机的安装小组与起重机协同工作的循环组成部分延续时间（即挂钩、就位、脱钩时间），min。

必须指出，t_{I} 与 t_{II} 的时间应是延续的，不能重叠计时。即 t_{I} 仅是起重机独立工作的循环时间，没有安装工人参加；t_{II} 是人机协同工作的时间。安装工人独立工作的时间，如构件起吊前的一起准备工作及就位后的临时固定工作等时间，这一部分工作必须在起重机一个循环延续时间 t 内完成，使其尽可能提高起重机的工作效率。

如果安装工人独立工作的时间大于 t，则在安装工程的劳动组织配备时，应增加安装工人数量，不致使起重机等待。所有这些时间的组成，在观测时分别记录、分析。

（2）计算起重机纯工作 1h 的生产率 N_S：

$$N_S = \frac{60}{t_{\text{I}} + t_{\text{II}} + t_{\text{III}}} \cdot m$$

式中　m——起重机每起吊一次的数量，t 或 m^3；

t_{I}、t_{II}、t_{III}——起重机每次循环中不可避免的中断时间（通过技术测定求得），min。

（3）计算起重机台班产量 N_D：

$$N_D = N_S \cdot 8 \cdot k_B$$

式中　k_B——起重机台班时间利用系数（一般为 0.85 ~0.9）。

3. 铲运机台班产量的计算

（1）计算铲运机铲运土方的一个工作循环延续时间 t（min）：

$$t = \frac{L_1}{V_1} + \frac{L_2}{V_2} + \frac{L_3}{V_3} + \frac{L_4}{V_4} + t_a + t_b$$

式中 L_1、L_2、L_3、L_4——铲运机铲土、运土、卸土、空回行驶距离，m；

V_1、V_2、V_3、V_4——铲运机铲土、运土、卸土、空回行驶速度，m/min；

t_a——铲运机转向时间，min；

t_b——铲运机换挡时间，min。

（2）计算铲运机纯工作1h生产率N_S（m^3/h）：

$$N_S = \frac{60}{t} \cdot \frac{q \cdot k_C}{k_p}$$

式中 q——铲运机铲斗的斗容量，m^3；

k_C——铲运机装土的充盈系数（即装入铲斗内的土壤体积与铲斗容量的比值。砂土为0.75；其他土壤为0.85~1.0；最高达1.3）；

k_p——土壤最初松散系数（即土壤经挖掘后的松散体与原自然体积之比值，二类土为1.14~1.24，三类土为1.24~1.3，四类土为1.26~1.45）。

（3）计算铲运机台班产量N_D（m^3/台班）：

$$N_D = N_S \cdot 8 \cdot k_B$$

式中 k_B——铲运机的时间利用系数（0.75~0.8）。

4. 载重运输汽车台班产量的计算

（1）计算载重汽车每一循环的延续时间t：

$$t = \frac{2L}{V} + t_1 + t_2 + t_3$$

式中 L——运距，m；

V——平均行驶速度（即重车与返回空车速度的平均值），m/min；

t_1、t_2——装、卸车时间，min；

t_3——等待装车时间，min。

（2）计算载重汽车纯工作1h生产率N_S：

$$N_S = \frac{60}{t} \cdot m$$

式中　m——汽车额定平均装载量，m^3 或 t（应考虑装载系数或充盈系数）。

（3）计算载重汽车台班产量N_D：

$$N_D = N_S \cdot 8 \cdot k_B$$

式中　k_B——载重汽车的时间利用系数，一般为0.8左右。

第4节　材料消耗定额

材料消耗定额是指在合理使用材料的前提下，生产质量合格的单位建筑产品，所必须消耗的一定品种、规格的建筑材料（包括半成品、燃料、配件、水、电等）的数量。

在我国建筑工程的直接成本中，材料费平均占70%左右。材料消耗量多少，消耗是否合理，不仅关系到资源的合理利用，而且对建筑工程的造价确定和成本控制有着决定性影响。

材料消耗定额是编制材料需要量计划、运输计划、供应计划、计算仓库面积、签发限额领料单和经济核算的根据。制定合理的材料消耗定额，是组织材料的正常供应，保证生产顺利进行，以及合理利用资源，减少积压、浪费的必要前提。

6.4.1　材料消耗定额的组成

施工中材料的消耗包括必须消耗的材料和损失的材料两类。

必须消耗的材料数量，是指在合理用料的条件下，生产合格产品所需消耗的材料数量。它包括直接用于建筑工程的材料、不可避免的施工废料和不可避免的材料损耗。

其中：直接用于建筑工程的材料数量，称为材料净用量；不可避免的施工废料和材料损耗数量，称为材料损耗量。

用公式表示如下：材料总耗用量 = 材料净用量 + 材料损耗量

材料损耗量是不可避免的损耗，例如：场内运输及场内堆放在允许范围内不可避免的损耗，加工制作中的合理损耗及施工操作中的合理损耗等。

常用计算方法是：材料损耗量 = 材料净用量 × 材料损耗率。

材料的损耗率通过观测和统计来确定，参见表 6.8。

表 6.8　部分建筑材料、成品、半成品损耗率参考表

材料名称	工程项目	损耗率(%)	材料名称	工程项目	损耗率(%)
普通粘土砖	地面、屋面空花（斗）墙	1.5	水泥砂浆	抹墙及墙裙	2
普通粘土砖	基础	0.5	水泥砂浆	地面、屋面、构筑物	1
普通粘土砖	实砖墙	2	素水泥浆		1
普通粘土砖	方砖柱	3	混凝土（预制）	柱、基础梁	1
普通粘土砖	圆砖柱	7	混凝土（预制）	其他	1.5
普通粘土砖	烟囱	4	混凝土（现浇）	二次灌浆	3
普通粘土砖	水塔	3.0	混凝土（现浇）	地面	1
白瓷砖		3.5	混凝土（现浇）	其余部分	1.5
陶瓷锦砖（马赛克）		1.5	细石混凝土		1
面砖、缸砖		2.5	轻质混凝土		2
水磨石板		1.5	钢筋（预应力）	后张吊车梁	13
大理石板		1.5	钢筋（预应力）	先张高强丝	9
混凝土板		1.5	钢材	其他部分	6
水泥瓦、粘土瓦	包括脊瓦	3.5	铁件	成品	1
石棉垄瓦（板瓦）		4	镀锌铁皮	屋面	2
砂	混凝土、砂浆	3	镀锌铁皮	排水管、沟	6
白石子		4	铁钉		2
砾（碎）石		3	电焊条		12
乱毛石	砌墙	2	小五金	成品	1
乱毛石	其他	1	木材	窗扇、框（包括配料）	6

续表

材料名称	工程项目	损耗率(%)	材料名称	工程项目	损耗率(%)
方整石	砌体	3.5	木材	镶板门芯板制作	13.1
方整石	其他	1	木材	镶板门企口板制作	22
碎砖、炉（矿）渣		1.5	木材	木屋架、檩、椽圆木	5
珍珠岩粉		4	木材	木屋架、檩、椽方木	6
生石膏		2	木材	屋面板平口制作	4.4
滑石粉	油漆工程用	5	木材	屋面板平口安装	3.3
滑石粉	其他	1	木材	木栏杆及扶手	4.7
水泥		2	木材	封檐板	2.5
砌筑砂浆	砖、毛方石砌体	1	模板制作	各种混凝土结构	5
砌筑砂浆	空斗墙	5	模板安装	工具式钢模板	1
砌筑砂浆	泡沫混凝土块墙	2	模板安装	支撑系统	1
砌筑砂浆	多孔砖墙	10	模板制作	圆形储仓	3
砌筑砂浆	加气混凝土块	2	胶合板、纤维板、吸音板	天棚、间壁	5
混合砂浆	抹天棚	3.0			
混合砂浆	抹墙及墙裙	2	石油沥青		1
石灰砂浆	抹天棚	1.5	玻璃	配制	15
石灰砂浆	抹墙及墙裙	1	清漆		3
水泥砂浆	抹天棚、梁柱腰线、挑檐	2.5	环氧树脂		2.5

6.4.2 材料消耗定额的编制

材料消耗定额是指在合理地使用材料的条件下尽可能减少损失，生产单位合格产品所必须消耗的材料数量，它包括合格产品上的净用量以及在生产合格产品过程中的合理的损耗量。前者是指用于合格产品上的实际数量；后者指材料从现场仓库领出到完成合格产品的过程中的合理损耗量，包括场内搬运的合理损耗、加工制作的合理损耗、施工操作的合理损耗等。工程建设中建筑材料的费用约占建筑安装材料60%，因此节约而合理地使用材料具有非常重大的意义。

单位合格产品中某种材料的消耗量等于该材料的净耗量和损耗量之和，即

$$材料消耗量 = 净耗量 + 损耗量$$

$$损耗率 = \frac{损耗量}{消耗量} \times 100\%$$

式中　损耗量——上述的各种合理损耗量，亦即在合理和节约使用材料情况下的不可避免损耗量，其多少常用损耗率表示。

用损耗率这种形式表示材料损耗定额的原因，主要是净耗量需要根据结构图和建筑产品（工程）图来计算或根据试验确定，往往在制定材料消耗定额时，有关图纸和试验结果还没有做出来，而且就是同样产品，其规格型号也各异，不可能在编制定额时把所有的不同规格的产品都编制材料损耗定额，否则这个定额就太繁琐了，用损耗率这种形式表示，则简单省事，在使用时只要根据图纸计算出净用量，应用上式就可以算出总的需求量。

材料消耗量可用下式计算：

$$材料消耗量 = \frac{消耗量}{1 - 损耗率}$$

材料消耗定额是编制物资供应计划的依据，是加强企业管理和经济核算的重要工具，是企业确定材料需要量和储备量的依据，是施工单位对工人班组签发领料的依据，是减少材料积压、浪费，促进合理使用材料的重要手段。建筑工程使用的材料包括直接性消耗材料和周转性消耗材料两种。

1. 直接性消耗材料定额的制定

根据工程需要直接构成实体的消耗材料为直接性消耗材料，

包括不可避免的合理损耗材料。

制定材料消耗定额有两种途径：一是参照预算定额材料部分逐项核查选用；二是自行编制。编制其定额的基本方法有观察法、试验法、统计法和计算法四种。

（1）观察法。就是在施工现场，对生产某一合格产品的材料消耗量和净消耗量进行实际测算分析，以确定该单位产品的材料消耗量或损耗率。

在选择观测对象时，应考虑以下几点：

1）建筑物的结构具有代表性；

2）施工必须符合有关技术规范；

3）所用材料品种质量符合规范和设计要求；

4）正常生产状态。

观察前还要做好有关准备工作，如准备好标准桶、标准运输工具、称量设备，并采取减少材料损耗的必要措施。观察的目的是要取得在完成合格产品的情况下，所消耗的材料数量标准。通过观察，分析和测定出哪些是不可避免的材料损耗，哪些是可以避免的材料损耗，并编制出切实可行的材料消耗标准。

设生产 n 个合格产品，实地测算出的某种材料消耗量为 C，按设计图纸计算出的材料净耗量为 C_0，则单位产品的材料净耗量为：

$$d = \frac{C}{n}$$

材料的损耗率为：

$$e = \frac{C - C_0}{n} \times \frac{n}{C} \times 100\% = \frac{C - C_0}{C} \times 100\%$$

（2）试验法。试验法是指在实验室内通过专门的设备进行试验、观察和测定。这种方法主要用于研究材料强度与各种材料消耗的数量关系，以获得各种配合比，并据此计算各种材料的消耗量。例如通过试验，获得不同标号的混凝土的水泥、砂、石、水的配合比，据此可以计算每立方米混凝土的各种材料的消耗量。试验法的优点是能够比较详细地研究各种因素对材料消耗的影响，从中得到比较准确的数据。其不足之处是无法估计现场施工条件对材料消耗的影响。对于混凝土结构的混凝土浆的消耗，由于使用振捣器捣固，可能使体积减小12%或更多，究竟减少多少，用施工观察法是难以测定的，因为掺有损耗因素在内，因此必须用试验法加以确定。

（3）统计法。统计法是指根据工作开始时拨给分部分项工程的材料数量，和完工后退回的数量进行材料消耗计算的方法。统计法数字准确性差，应该结合施工过程记录，经过分析研究后，确定材料消耗指标。

统计法相比较而言计算方法简单，但前提是要有准确的领退料统计数字和完成工程量的统计资料，统计对象也应加以认真选择。

设某一产品施工时进料为A_0，完工后退回材料的数量为ΔA，则在产品上用的材料数量为：

$$A = A_0 - \Delta A$$

若完成的产品数量为n，则单位产品的材料消耗量为：

$$d = \frac{A}{n} = \frac{A_0 - \Delta A}{n}$$

（4）计算法。计算法是指利用图纸和其他技术资料，通过公式计算材料消耗量，来编制定额的方法。这种方法主要适用于板状、块状和卷筒状产品的材料消耗定额。因为这些材料，只要根据设计图纸和材料的规格，就可以通过公式计算出材料的消耗数量标准。

1）规则砖石材料的消耗定额制定。用标准砖（长×宽×厚为240mm×115mm×53mm）砌筑$1m^3$不同厚度的砖墙，砖和砂浆的净耗量，可用以下公式计算。

$$\frac{1}{2}\text{砖墙砖数} = \frac{1}{(\text{砖长}+\text{灰缝})\times(\text{砖厚}+\text{灰缝})\times\text{砖宽}}$$

$$1\text{砖墙砖数} = \frac{1}{(\text{砖宽}+\text{灰缝})\times(\text{砖厚}+\text{灰缝})\times\text{砖长}}$$

$$1\frac{1}{2}\text{砖墙砖数}=\frac{1}{(\text{砖长}+\text{砖宽}+\text{灰缝})}\times\left[\frac{1}{(\text{砖长}+\text{灰缝})\times(\text{砖长}+\text{灰缝})}+\frac{1}{(\text{砖宽}+\text{灰缝})\times(\text{砖厚}+\text{灰缝})}\right]$$

$$2\text{砖墙砖数}=\frac{1}{(\text{砖宽}+\text{灰缝})\times(\text{砖厚}+\text{灰缝})}\times\frac{1}{2\times\text{砖长}+\text{灰缝}}$$

$$\text{砂浆净用量}(m^3)=1-\text{砖数}\times\text{每块砖体积}$$

若已知砖和砂浆的损耗率，则 $1m^3$ 砖砌墙体的砖和砂浆消耗量可计算出来。

【例 13】 某水利水电工程已知混凝土预制块为 0.4m × 0.185m × 0.785m，防浪墙厚 0.4m，高 1m，灰缝按 0.015m 考虑，砖体损耗率为 1.2%，砂浆损耗率为 17.4%，试计算每立方米防浪墙砌块和砂浆的消耗量。

解 （1）计算砌体和砂浆的净用量（取 100m 长防浪墙计算）。

$$\text{防浪墙的体积}=100\times0.4\times1=40m^3$$

$$\text{所需砌块数}=\frac{40}{(0.785+0.015)\times(0.185+0.015)\times0.4}=625$$

$$\text{砌块净用量}=625\times0.4\times0.185\times0.785=36.306m^3$$

$$\text{每}m^3\text{防浪墙所需砌块净用量}=\frac{36.306}{40}=0.908m^3$$

$$\text{每}m^3\text{防浪墙砂浆净用量}=1-0.908=0.092m^3$$

（2）每 m^3 防浪墙砌块和砂浆消耗量为：

$$\text{砌块消耗量}=\frac{0.908}{1-1.2\%}=0.919m^3$$

$$\text{砂浆消耗量}=\frac{0.092}{1-17.4\%}=0.111m^3$$

2）不规则砌石的材料消耗定额的制定，一般都是用码堆体积的 m^3 数来表示，这个计量单位不是科学的，因为码堆的孔隙率极不稳定，它与石料形状、大小、数量以及码堆方法有关。其孔隙率一般在 20% ~40%，有的甚至更大，这样每 1 立方米码堆体积中含有密实的石料只有 0.6～0.8m^3。

砌石的孔隙率一般变化在 25%～35% 之间，但由于石料计量不准，势必会影响消耗定额的测算。所以在制定定额时，只能采用施工观测法。

2. 周转性材料的消耗量计算

周转性材料在施工过程中不属通常的一次性消耗材料，而是可多次周转使用，经过修理、补充才逐渐消耗尽的材料。如：模板、钢板桩、脚手架等，实际上它亦是作为一种施工工具和措施。

周转性材料消耗的定额量是指每使用一次摊销的数量，其计算必须考虑一次使用量、周转使用量、回收价值和摊销量之间的关系。

（1）现浇构件周转性材料（木模板）用量计算。

1）一次使用量的计算。一次使用量是指周转性材料一次使用的基本量，即一次投入量。周转性材料的一次使用量根据施工图计算，其用量与各分部分项工程部位、施工工艺和施工方法有关。

例如现浇钢筋混凝土构件模板的一次使用量的计算，需先求构件混凝土与模板的接触面积，再乘以该构件每 m^2 模板接触面积所需要的材料数量。计算公式如下：

一次使用量 = 混凝土模板接触面积 ×1m^2 接触面积需模量 ×（1 + 制作损耗率）

混凝土模板接触面积应根据施工图计算。一定计量单位的混凝土构件所需的模板接触面积又称为含模量，即

$$含模量 = \frac{混凝土模板接触面积}{按规定计量单位计算的混凝土构件工程量}$$

【例 14】 某现浇钢筋混凝土圈梁，设计断面为 240mm × 180mm，其长度为 L，试计算含模量。

解 该混凝土圈梁的模板接触面积（m^2）为：

$$S = 2 \times 0.18 \times L$$

混凝土圈梁按体积（m^3）计算，其工程量为：

$$V = 0.24 \times 0.18 \times L$$

则含模量为：

$$含模量 = S/V = \frac{2 \times 0.18 \times L}{0.24 \times 0.18 \times L} = 8.3\text{m}^2/\text{m}^3$$

不同构件及同种构件不同规格尺寸的含模量不同。含模量是施工备料的重要依据，亦是计算摊销量的依据。

水利部水总〔2002〕116号文颁布的《水利建筑工程概算定额》附录列有《水利工程混凝土建筑物立模面系数参考表》可供选用。表6.9为摘录1997年某省建筑工程单位估价表中取定的模板含量和含钢量表，供参考。

表6.9　混凝土单位估价表中的含模量、含钢量

构件	项目名称		混凝土计量单位	含模量（$m^2 \cdot m^{-3}$）	含钢量（$t \cdot m^{-3}$）	
					圆钢	螺纹钢
柱	矩形柱	周长1.20m以内	m^3	14.72	0.125	
		周长1.80m以内	m^3	9.30	0.115	0.050
		周长3.00m以内	m^3	6.77	0.124	0.050
		周长6.00m以内	m^3	3.93	0.140	0.060
	构造柱		m^3	9.47	0.125	
	框架柱接头		m^3	7.58	0.034	
	圆、异形柱	周长1.50m以内	m^3	9.32	0.086	0.047
		周长4.00m以内	m^3	4.50	0.10	0.05
		周长6.00m以内	m^3	3.20	0.11	0.05
梁	单梁、框架梁、悬臂梁、连续梁		m^3	8.68	0.100	0.043
	异形梁		m^3	10.70	0.109	0.047
	基础梁		m^3	8.06	0.083	0.036
	地坑支撑		m^3	2.50	0.110	0.051
	圈梁		m^3	8.30	0.040	0.017
	过梁		m^3	12.00	0.106	

续表

构件	项目名称		混凝土计量单位	含模量 $(m^2 \cdot m^{-3})$	含钢量 $(t \cdot m^{-3})$	
					圆钢	螺纹钢
墙	直形钢筋混凝土墙	厚100mm内	m^3	25.61	0.072	
		厚200mm内	m^3	13.63	0.093	
		厚300mm内	m^3	8.20	0.093	
		电梯井壁	m^3	14.77	0.102	
		大钢模板墙	m^3	12.50	0.015	
		滑升模板墙	m^3	10.00	0.093	

注 当墙厚超过300mm时，其模板按接触面积计算。

2）周转使用量的计算。周转使用量是指周转性材料在周转使用和补损的条件下，每周转一次的平均需用量，根据一定的周转次数和每次周转使用的损耗量等因素来确定。周转次数是指周转性材料从第一次使用起可重复使用的次数。它与不同的周转性材料、使用的工程部位、施工方法及操作技术有关。

周转次数的确定要经现场调查、观测及统计分析，取平均合理的水平。正确规定周转次数，对准确计算用料，加强周转性材料管理和经济核算起重要作用。

损耗量是周转性材料使用一次后由于损坏而需补损的数量，故在周转性材料中又称“补损量”，按一次使用量的百分数计算，该百分数即为损耗率。

周转性材料在其由周转次数决定的全部周转过程中，投入使用总量为：

$$投入使用总量 = 一次使用量 + 一次使用量 \times (周转次数 - 1) \times 损耗率$$

因此，周转使用量根据下列公式计算：

$$周转使用量 = \frac{投入使用总量}{周转次数} = \frac{一次使用量 + 一次使用量 \times (周转次数 - 1) \times 损耗率}{周转次数}$$

$$= 一次使用量 \times \left[\frac{1 + (周转次数 - 1) \times 损耗率}{周转次数}\right]$$

设：$周转使用系数\ k_1 = \frac{1 + (周转次数 - 1) \times 损耗率}{周转次数}$

则　$周转使用量 = 一次使用量 \times k_1$

各类型周转性材料用在不同的施工项目中，如果知道其周转次数和损耗率，便可计算出相应的周转使用系数 k_1。

3）周转回收量计算。周转回收量是指周转性材料在周转使用后除去损耗部分的剩余数量，即尚可以回收的数量。其计算式为

$$周转回收量 = \frac{周转使用最终回收量}{周转次数}$$

$$= \frac{一次使用量 - (一次使用量 \times 损耗率)}{周转次数}$$

$$= 一次使用量 \times \left(\frac{1 - 损耗率}{周转次数}\right)$$

4）摊销量的计算。周转性材料摊销量是指完成一定计量单位产品，一次消耗周转性材料的数量。

$$摊销量 = 周转使用量 - 周转回收量 \times 回收折价率$$

$$= 一次使用量 \times k_1 - 一次使用量 \times \frac{1 - 损耗率}{周转次数} \times 回收折价率$$

$$= 一次使用量 \times \left[k_1 - \frac{(1 - 损耗率) \times 回收折价率}{周转次数}\right]$$

设：$摊销量系数\ k_2 = k_1 - \frac{(1 - 损耗率) \times 回收折价率}{周转次数}$

则　$摊销量 = 一次使用量 \times k_2$

对各种周转性材料，根据不同工程部位、损耗（补损）率、周转次数及回收折价率（一般取50%），即可计算出相应的 k_1 与 k_2 系数，由此计算周转使用量及摊销量。

现行《全国统一建筑工程基础定额》中有关木模板计算数

据参见表6.10。

表6.10　木模板计算数据

项　目　名　称	周转次数	补损率(%)	摊销量系数	备　注
圆柱	3	15	0.2917	施工制作损耗率均取为5%
异形梁	5	15	0.235	
整体楼梯、阳台、栏板等	4	15	0.2563	
小型构件	3	15	0.2917	
支撑材、垫板、拉杆	15	10	0.13	
木楔	2	—	—	

(2) 预制构件模板及其他定型模板计算。

预制混凝土构件的模板虽属周转使用材料，但其摊销量的计量方法与现浇混凝土木模板的计算方法不同，按照多次使用平均摊销的方法计算，即不需计算每次周转的损耗，只需根据一次使用量及周转次数，即可算出摊销量。

计算公式如下：

$$\text{预制构件模板摊销量} = \frac{\text{一次使用量}}{\text{周转次数}}$$

其他定型模板，如组合式钢模板、复合木模板亦按上式计算摊销量。现行《全国统一建筑工程基础定额》中，有关组合式钢模板、复合木模板摊销量计算数据参见表6.11。

表6.11　组合钢模、复合木模计算数据

名　称	周转次数	损耗率(%)	备　注
工具式钢模板、复合木模板	50	1	包括梁卡具。柱箍损耗率为2%
零星卡具	20	2	包括U形卡具、L形插销、钩头螺栓、对拉螺栓、3字形扣件
钢支撑系统	120	1	包括连杆、钢管、钢管扣件

续表

名　　称	周转次数	损耗率(%)	备　　注
木模	5	5	
木支撑	10	5	包括琵琶撑、支撑、垫板、拉杆
铁钉、铁丝	1	2	
木楔	2	—	
尾龙帽	1	5	

第5节　工期定额

6.5.1　工期定额的含义

工期定额是指在一定的社会经济条件下，在一定时期内由建设行政主管部门制定并发布的工程项目建设消耗时间标准。工期定额具有一定的法规性，对确定具体工程项目的工期具有指导意义，体现了合理建设工期，反映了一定时期国家、地区或部门不同建设项目的建设和管理水平。工程工期同工程造价、工程质量一起被视为工程项目管理的三大目标。

工期定额是为各类工程项目规定的施工期限的定额天数，包括建设工期定额和施工工期定额两个层次。

1. 建设工期定额

建设工期定额是指在平均的建设管理水平及正常的建设条件（自然的、经济的）下，一个建设项目从正式破土动工到工程按设计文件全部建成，验收合格交付使用全过程所需要的时间标准，一般按日历天数计算。

我国编制的建设工期定额以正常工期为基础，即根据平均的建设管理水平、施工装备水平和正常的建设条件，正确体现国家有关建设方针政策，剔除不合理因素，判定正常的工期，以此为编制的基础，同时充分考虑施工技术装备水平、劳动效率和组织项目建设管理水平的提高，缩短工期的可能性，制定出经济合理的最佳建设工期定额。

1990年能源水规〔1990〕87号文发布了《水利水电枢纽工程建设工期定额》，由于水利水电工程具有规模大、工程特性各异、单项工程多、施工程序复杂和自然条件、社会条件、工程条件的制约，客观上决定了工期定额很难完全符合每一工程的具体情况。因此水利水电工程的建设工期是以审查批准的各设计阶段的工期为准，建设工期定额只作为宏观管理控制工期的参考，使用该定额时应结合工程的特点和具体情况分析选用，可作为工程规划、可行性研究阶段及工程管理、设计、施工专业人员参考，并不能作为施工工期定额直接应用。

水利水电枢纽工程建设工期定额的总工期由工程准备工期、工程主体工期和工程完建工期（不含筹建期）三个阶段在关键路线上起控制作用的单项工程的直线工期组成，包括基本工期和调整工期两部分。当关键线路和该定额的条件不同时，应根据具体情况进行修正。

2. 施工工期定额

施工工期定额是指单项工程从正式开工起，至完成建筑安装工程的全部设计内容（或定额子目规定的内容）并达到国家验收标准之日止全部日历天数的标准。

建设部建〔2000〕38号文颁布的《全国统一建筑安装工程工期定额》，按工程结构类型、层数不同，并考虑到施工方法等因素，规定施工工期定额指从基础破土动工开始至完成全部工程设计或定额子目规定的内容并达到国家验收标准的日历天数。具体开工日期的规定是：

（1）对于没有桩基础的工程，基础破土挖槽开始为开工日期。

（2）对于采取桩基础的工程，原桩位打基础桩开始为开工日期。

在正式开始施工以前的各项准备工作，如平整场地、地上地下障碍物的处理、定位放线以及地基处理等，都不算正式开工，也未包括在定额工期内。

群体住宅、住宅小区的定额工期是指首先破土的第一个住宅工程开始，到完成定额包含的全部工程项目内容，达到国家验收标准的日历天数。

在工程施工及其招投标阶段，一方面由于各种影响工期的因素已有所预见，另一方面由于竞争机制的作用，要求投标施工单位在工期定额基础上，根据自身的管理水平和施工技术水平，结合项目具体情况和投标竞争的情况进行决策。施工单位自报的工期将作为施工合同的约定工期。

6.5.2 施工工期定额的编制

施工工期定额主要包括民用建筑和一般通用建筑两种，只包括土建的电梯、锅炉房等设备安装，不包括试生产阶段。除定额另有说明外，均指单项工程（土建、安装、装修）的工期，其中土建包括基础和主体结构。

1. 施工工期定额的编制

（1）按地区类别划分。

由于我国幅员辽阔，各地自然条件差别较大，同类工程的建筑设备和实物工程量不同，故将全国划分为一类、二类、三类地区，分别确定定额工期。

一类地区包括上海、江苏、浙江、安徽、福建、江西、湖北、湖南、广东、广西、四川、贵州、云南、重庆、海南。一类地区是省会所在地最近10年年平均气温在15℃以上、最冷月份平均气温0℃以上、全年日平均气温不大于5℃的天数在90天以内的地区。

二类地区包括北京、天津、河北、山西、山东、河南、陕西、甘肃、宁夏。二类地区是省会所在地最近10年年平均气温在8~15℃、最冷月份平均气温在-10~0℃之间、全年日平均气温不大于5℃的天数在90~150天之间的地区。

三类地区包括内蒙古、辽宁、吉林、黑龙江、西藏、青海、新疆不大于。三类地区是省会所在地最近10年年平均气温在8℃以下、最冷月份平均气温在-10℃以下、全年日平均气温不大于5℃的天数在150天以上的地区。

同一省（自治区、直辖市）由于不同地方的自然条件有所差别，各省（自治区、直辖市）主管部门可按上述原则，确定本省（自治区、直辖市）内的地区类别，并报经建设部批准，可分别执行两种地区类别的工期定额。

（2）定额项目划分。

1）单项工程按建筑物用途、结构类型、承包方式划分。

2）专业工程按专业施工项目和工程用途划分。专业工程工期定额仅作为总、分包单位之间确定承包合同工期和考核施工进度的依据。

（3）定额子目划分。

1）单项工程以建筑面积、层数划分。

2）专业工程以机械施工的内容、工程量和安装设备的规格、能力划分。

（4）确定定额水平的原则。

1）平均先进、经济合理。

2）符合技术规范、工艺流程、建筑安装施工的要求。

3）与合理的劳动组织、劳动定额相一致。

4）在正常情况下，合理的组织施工并综合考虑影响工期的活因素。

2. 施工工期定额有关自然因素的规定

（1）地基与基础处理。基础施工较为复杂，工期定额从土质、深度、降水和基础处理四个方面分别规定。

现行工期定额在修订时将 ±0.00 以下工程及有无地下室情况作出专门考虑。

在施工中遇有不可预见的障碍物、古墓、文物等需要处理，经过建设单位签证，可按实际处理工期顺延。

（2）气候方面。工期定额按各地的气温差异划分为一类、二类、三类地区，应按工程所在地区类别使用。

施工技术规范或设计要求冬季不能施工而造成工程主导工序连续停工，经建设单位、施工单位双方确认，可顺延工期。

（3）自然灾害。由于自然灾害的不可抗拒性造成工程停工，经建设单位、施工单位双方确认，可以顺延工期。

不可抗拒的自然灾害，主要是指人类不可抗拒的自然现象，指台风、洪水、地震等。一般工地火灾，极大部分是管理不严、操作不慎引起的，不能视为不可抗拒的自然灾害。即使雷击造成的火灾，也并不是完全不可抗拒的自然灾害，如果采取有效措施防止雷击，是可以避免火灾的。

3. 施工工期定额有关社会因素的规定

（1）由于重大设计变更或建设单位按规定应提供的条件不具备，造成工程的主导工序连续停工，经建设单位、施工单位双方确认后，可以顺延工期。因施工单位原因造成停工，不得增加工期。

（2）鉴于各地经济发展水平与施工条件对施工工期影响不同，国家给予各地区主管部门一定的定额水平调整权，规定广西、贵州、云南、青海、黑龙江、宁夏、内蒙古、西藏、新疆省（自治区）调整幅度为15%，其他地区调整幅度为10%。10%或15%的定额水平调整权，是指某一地区对某些项目子目的定额工期水平调整的最高幅度，而不是调整子目总平均的幅度。

6.5.3 工期定额在预算定额中的应用

工期定额和预算定额都是工程定额体系的重要组成部分，它不仅仅是确定工程施工工期（合同工期）的依据，亦是计算工程造价中赶工措施费、提前工期奖的依据，是确定全现场大型施工机械（如塔吊、卷扬机等）及脚手架等定额消耗量的依据。例如：垂直运输机械预算定额项目的工作内容包括单位工程在合理工期（即定额工期）范围内完成全部工程项目所需要的垂直运输机械和配合机械。这一机械台班量是根据工期定额计算而来的，与其效率没有关系。

以现行建筑工程预算定额20m（6层）以内塔式起重机施工为例，所配备的塔式起重机以上层主体施工工期计算台班消耗量，辅助配备的卷扬机则以基础以上全部工期计算台班消耗量。

计算方法如下：

工程全部工期依据建设部2000年颁发的工期定额适用项目计算。

基础工程工期和基础以上工程工期依据上述工期定额相关子目计算。

工程全部工期 = 基础工程工期 + 基础以上工期。

装修工程工期 = 基础以上工程 × 40%。

上层主体施工工期 = 工程全部工期 - 基础工程工期 - 装修工程工期

= （工程全部工期 - 基础工程工期）× 60%。

【例15】 计算20m（6层）以内混合结构住宅每$100m^2$建筑面积塔吊施工的台班消耗量。基础为带型基础，三类、四类土，一类地区。

根据2000年全国统一建筑安装工程工期定额（1－48子目）$5000m^2$以内6层混合结构住宅工期为180天。定额（1－2子目）基础工期为50天，则有

工程全部工期 = 180 + 50 = 230天。

主体工程工期 = 180 × 0.6 = 108天。

工程施工配备1台塔吊，辅助配备1台卷扬机，则台班消耗量为：

塔吊总台班量 = 主体工程工期(天) × 台数 = 108 × 1 = 108台班。

卷扬机总台班量 = 基础以上工期(天) × 台数 = 180 × 1 = 180台班。

每$100m^2$建筑面积台班消耗量为：

$$塔吊台班量 = \frac{总台班量}{工期定额建筑面积(m^2)} \times 100(m^2)$$

$$= \frac{108}{5000} \times 100 = 2.16 台班$$

$$卷扬机台班量 = \frac{180}{5000} \times 100 = 3.6 台班$$

第6节 施工定额

施工定额是指在正常合理的施工生产过程中，个人或小组完成单位合格产品所消耗的人力、物力（包括材料和机械设备及工具）的标准数量，施工定额是由施工企业制定的（施工企业可根据本企业的特点制定自己的预算定额），根据中华人民共和国建设部令第107号《建设工程施工发包与承包计价管理办法》有关规定，它在投标报价时有十分重要的作用。

6.6.1 施工定额的组成内容和作用

1. 施工定额的组成内容

施工定额的内容要求符合并接近工程实际，由人工、材料和机械台班消耗定额三部分组成。

2. 施工定额的作用

施工定额是施工企业内部直接用于施工管理的重要文件，其具体作用有：

（1）是编制施工组织设计、制定施工作业计划的依据。

（2）是编制劳动力、材料的和施工机械设备需要量的依据。

（3）是编制施工预算的依据。

（4）是实行定额包干，签发施工任务单和限额领料卡的依据。

（5）是计算劳动报酬及奖励的依据。

（6）是编制预算定额的依据。

6.6.2 施工定额的编制原则及依据

1. 施工定额的编制原则

（1）确定施工定额水平要遵循平均先进的原则。同时在确定施工定额时，还要注意处理以下五个方面的关系。

1）要正确处理数量与质量的关系。使平均先进的定额水平，不仅表现为数量，还包括质量，要在生产合格产品的前提下规定必要的劳动消耗标准。

2）合理确定劳动组织。因为它对完成施工任务和定额影响很大，它包含劳动组合的人数和技术等级两个因素。人员过多，会造成工作面过小和窝工浪费，影响完成定额水平；人员过少又会延误工期，影响工程进度。人员技术等级过低，低等级组工人做高等级活，不易达到定额，也保证不了工程（产品）质量；人员技术等级过高，浪费技术力量，增加产品的人工成本。因此，在确定定额水平时，要按照工作对象的技术复杂程度和工艺要求，合理地配备劳动组织，使劳动组织的技术等级同工作对象的技术等级相适应，在保证工程质量的前提下，尽量以较少的劳动消耗，生产较多的产品。

3）明确劳动手段和劳动对象。任何生产过程都是生产者借助劳动手段作用于劳动对象，不同的劳动手段（机具、设备）和不同的劳动对象（材料、构件），对劳动者的效率有不同的影响。确定平均先进的定额水平，必须针对具体的劳动手段与劳动对象。因此，在确定定额时，必须明确规定达到定额时使用的机具、设备和操作方法，明确规定原材料和构件的诸多因素，如规格、型号、等级、品种质量要求等。

4）正确对待先进技术和先进经验。现在生产技术发展很不平衡，新的技术和先进经验不断涌现，其中有些新技术新经验虽已成熟，但只限于少数企业和生产者使用，没有形成社会生产力水平。因此，编制定额时应区别对待，对于尚不成熟的先进技术和经验，不能作为确定定额水平的依据，对于成熟的先进技术和经验，但由于种种原因没有得到推广应用，可在保留原有定额项目水平的基础上，同时编制出新的定额项目。一方面照顾现有的实际情况，另一方面也起到了鼓励先进的作用。对于那些已经得到普遍推广使用的先进技术和经验，应作为确定定额水平的依据，把已经提高了的并得到普及的社会生产力水平确定下来。

5）要注意全面比较，协调一致，既要做到挖掘企业的潜力，又要考虑在现有技术条件下能够达到的程度，使地区之间和企业之间的水平保持相对平衡。另外还要注意工种之间的定额水平要协调一致，避免出现苦乐不均的现象。

（2）定额结构形式要结合实际、简明扼要。具体要求如下所述。

1）定额项目划分要满足生产（施工）管理的要求，尽可能做到合理划分，满足基层和工人班组签发施工任务书，考核劳动效率和结算工资及奖励的需要，并要便于编制生产（施工）作业计划。

项目要齐全配套，要把那些已经成熟和推广应用的新技术、新工艺、新材料编入定额；对于缺漏项目要注意积累资料，组织测定，尽快补充到定额项目中，对于那些已过时，在实际工作中已不采用的结构材料、技术，则应删除。

2）定额步距大小要适当，步距是指定额中两个相邻定额项目或定额子目的水平差距，定额步距大，项目就少，定额水平的精确度就低。步距小，精确度高，但编制定额的工作量大，定额的项目使用也不方便。为了既简明实用，又比较精确，一般来说，对于主要工种、主要项目、常用的项目，步距要小些。对于次要工种、工程量不大或不常用的项目，步距可适当大些。对于手工操作为主的定额，步距可适当小些。而对于机械操作的定额，步距可略大一些。

3）定额的文字要通俗易懂，内容要标准化、规范化，计算方法要简便，容易为群众掌握运用。

（3）定额的编制要专业和实际相结合。编制施工定额是一项专业性很强的技术经济工作，而且又是一项政策性很强的工作，需要有专门的技术机构和专业人员进行大量的组织、技术测定、分析和整理资料、拟定定额方案和协调等工作。同时，广大生产者是生产力的创造者和定额的执行者，他们对施工生产过程中的情况最为清楚，对定额的执行情况和问题也最了解，因此在编制定额的过程中必须深入调查研究，广泛征求群众的意见，充分发扬他们的民主权利，取得他们的配合和支持，这是确保定额质量的有效方法。

2. 施工定额的编制依据

施工定额的编制依据具体包括以下三项，即：国家的经济政策和劳动制度，有关规范、规程、标准制度以及技术测定和统计资料。

（1）国家的经济政策和劳动制度。如《建筑安装工人技术等级标准》、工资标准、工资奖励制度、工作日时制度、劳动保护制度等。

（2）有关规范、规程、标准、制度。如现行国家建筑安装工程施工验收规范、技术安全操作规程和有关标准图；全国建筑安装工程统一劳动定额及有关专业部劳动定额；全国建筑安装工程设计预算定额及有关专业部预算定额。

（3）技术测定和统计资料。主要指现场技术测定数据和工时消耗的单项和综合统计资料。技术测定数据和统计分析资料必须准确可靠。

第7节 预算定额

预算定额是指一定计量单位的分项工程或结构构件、机电设备安装的人工、材料和机械台班的合理消耗量标准。它是在施工定额的基础上按国家有关方针政策，结合有关资料分析并加上定额幅度差（一般取5%～7%）编制而成。

6.7.1 预算定额的编制原则及作用

1. 预算定额的编制原则

（1）按社会必要劳动时间确定预算定额水平。在市场经济条件下，预算定额作为确定建设产品价格的工具，应遵照价值规律的要求，按产品生产过程中所消耗的必要劳动时间确定定额水平。按照社会必要劳动时间确定预算定额水平，要注意反映大多数企业的水平，在现实的中等生产条件、平均劳动熟练程度和平均劳动强度下，完成单位的工程基本要素所需要的劳动时间，是确定预算定额的主要依据。

（2）简明适用，严谨准确。定额项目的划分要做到简明扼要，使用方便，同时要求结构严谨，层次清楚，各种指标要尽量固定，减少换算，少留“活口”，避免执行中的争议。

2. 预算定额的作用

预算定额是具有经济法令性的一项定额，也是一项重要的经济技术法规。它是由国家授权一定的单位组织编制和颁发的。我国通用和专业预算定额的颁发只有部颁和省颁（或市颁）两级，其他机关单位无权制定和颁发。预算定额的主要作用有：

（1）是编制施工图预算（或招标标底和投标报价）和确定工程造价的依据。

（2）是对结构设计方案和对新结构、新技术进行技术经济分析的依据。

（3）是编制施工组织设计的计算劳动力、建筑材料、成品、半成品和施工机械需要量的依据。

（4）是编制综合预算定额和概算定额的基础。

6.7.2 预算定额的编制依据和方法

1. 预算定额的编制依据

（1）现行预算定额是在现行施工定额的基础上编制的，只有参考现行施工定额，才能保证两者的协调性和可比性。

（2）现行的设计规范、施工及验收规范、质量评定标准和安全操作规程。这些文件是确定设计标准和设计质量、施工方法和施工质量，以及保证安全施工的法规，确定预算定额，必须考虑这些法规的要求和规定。

（3）有关科学实验、测定、统计和经验分析资料，新技术、新结构、新材料、新工艺和先进经验等资料。

（4）现行的预算定额以及过去颁发的和有关部门颁发的预算定额及其编制基础材料。

（5）常用的施工方法和施工机具性能资料等。

（6）现行的工资标准和材料市场价格与预算价格。

2. 预算定额的编制步骤

编制预算定额的步骤主要有以下三个步骤。

（1）组织编制小组，拟定编制大纲，就定额的水平、项目划分、表示形式等进行统一研究，并对参加人员、完成时间和编制进度作出安排。

（2）调查熟悉基础资料，按确定的项目和图纸逐项计算工程量，并在此基础上，对有关规范、资料进行深入分析和测算，编制初稿。

（3）全面审查，应组织有关基本建设部门讨论，听取基层单位和职工的意见，并通过新旧预算定额的对比，测算定额水平，对定额进行必要的修正，报送领导机关审批。

3. 预算定额编制的方法

（1）划分定额项目，确定工作内容及施工方法。预算定额项目应在施工定额的基础上进一步综合。通常应根据建筑的不同部位，不同构件，将庞大的建筑物分解为各种不同的、较为简单的、可以用适当计量单位计算工程量的基本构造要素。做到项目齐全、粗细适度、简明适用。同时，根据项目的划分，确定预算定额的名称、工作内容及施工方法，并使施工定额的预算定额协调一致，以便于相互比较。

（2）选择计量单位。为了准确计算每个定额项目中的消耗指标，并有利于简化工程量的计算，必须根据结构构件或分项工程的特征及变化规律来确定定额项目的计量单位。若物体有一定厚度，而长度和宽度不定时，采用面积单位，如木作、层面、地面等；若物体的长、宽、高均不一定时，则采用体积单位，如土方、砖石、混凝土工程等；若物体断面形状、大小固定，则采用长度单位，如管道、钢筋等。

（3）计算工程量。选择有代表性的图纸和已确定的定额项目计量单位，计算分项工程的工程量。

（4）确定人工、材料、机械台班的消耗指标。预算定额中的人工、材料、机械台班消耗指标，是以施工定额中的人工、材料、机械台班消耗指标为基础，并考虑预算定额中所包括的其他因素，采用理论计算与现场测试相结合、编制定额人员与现场工作人员相结合的方式进行的。

6.7.3 预算定额与施工定额的关系

预算定额是以施工定额为基础的。但是，预算定额并不能简单地套用施工定额。预算定额比施工定额包含了更多的可变因素，需要保留一个合理的幅度差。除此之外，确定两种定额水平的原则是不相同的。施工定额是平均先进水平，而预算定额是社会平均水平。因此，确定预算定额时，定额水平要相对降低一些。一般预算定额水平低于施工定额10%左右。

幅度差具体体现在预算定额考虑的是施工中的一般情况，而施工定额考虑的是施工中的特殊情况；因此，在确定定额水平时，预算定额实际所包括的因素要比施工定额多。

现将这些因素分别简述如下。

1. 确定人工消耗指标时考虑的因素

（1）工序搭接的停歇时间。

（2）机械的临时维护、小修、移动发生的不可避免的停工损失。

（3）工程检查所需的时间。

（4）细小的、难以测定的、不可避免的工序和零星用工所需的时间等。

2. 确定机械台班消耗指标需要考虑的因素

（1）在工作班内机械变换位置所引起的难以避免的停歇时间和配套机械互相影响的损失时间。

（2）机械临时性维修和小修引起的停歇时间。

（3）机械的偶然性停歇，如临时停水、停电所引起的工作停歇。

（4）工程质量检查影响机械工作损失的时间。

3. 其他因素

确定材料消耗指标时，考虑由于材料质量不符合标准和材料数量不足，对材料耗用量和加工费用的影响。这些不是由于施工企业的原因造成的。

考虑以上各种因素的影响，要求在施工定额的基础上，根据有关因素影响程度的大小，规定出一个附加额，这种附加额用系数表示，称为幅度差系数。

6.7.4 预算定额项目消耗指标的确定

1. 确定人工消耗指标

预算定额中，人工消耗指标包括完成该分项工程必需的各种用工量。而各种用工量根据对多个典型工程测算后综合取定的工程量数据和国家颁发的《全国建筑安装工程统一劳动定额》计算求得。

预算定额中的人工消耗指标包括基本用工和其他用工两部分组成。

（1）基本用工，是指为完成某个分项工程所需的主要用工量。例如，砌筑各种墙体工程中的砌砖、调制砂浆以及运砖和运砂浆的用工量。此外，还包括属于预算定额项目工作内容范围内的一些基本用工量，例如在墙体工程中的门窗洞、预留抗震柱孔、附墙烟囱等工作内容。

（2）其他用工，是辅助基本用工消耗的工日，按其工作内容分为三类。一是人工幅度差用工，是指在劳动定额中未包括的，而在一般正常施工情况下又不可避免的一些工时消耗。例如，施工过程中各种工种的工序搭接、交叉配合所需的停歇时间，工程检查及隐蔽工程验收而影响工人的操作时间，场内工作操作地点的转移所消耗的时间及少量的零星用工等。二是超运距用工。指超过劳动定额所规定的材料、半成品运距的用工数量。三是辅助用工，指材料需要在现场加工的用工数量，如筛砂子等需要增加的用工数量。

按有关规定计算各种用工数量及平均工资等级。

2. 确定材料消耗指标

材料消耗指标是指在正常施工条件下，用合理使用材料的方法，完成单位合格产品所必须消耗的各种材料、成品、半成品的数量标准。

（1）材料消耗指标的组成。预算中的材料用量是由材料的净用量和材料的损耗量组成。预算定额内的材料，按其使用性质、用途和用量大小划分为主要材料、次要材料和周转性材料。

（2）材料消耗指标的确定。它是在编制预算定额方案中已经确定的有关因素（如工程项目划分、工程内容范围、计量单位和工程量的计算）的基础上，分别采用前面介绍的观测法、试验法、统计法和计算法确定。首先确定出材料的净用量，然后确定材料的损耗率，计算出材料的消耗量，并结合测定的资料，采用加权平均的方法计算出材料的消耗指标。

水利水电建筑工程预算定额施工损耗率参考资料见表6.12。

表6.12　　材料、成品、半成品损耗率参考表

材料、成品、半成品名称	单位	损耗率（%）	材料、成品、半成品名称	单位	损耗率（%）
制模板材	m^3	19.2～25	麻袋	千条	3
制模枋材	m^3	7.13～20.5	玻璃	m^2	3
钢筋	t	2.1	钢轨	t	2
止水铜片	m^2	5	焊条	kg	4
坝体混凝土	m^3	3	毛竹	千根	3
厂房混凝土上部	m^3	2	型钢	t	3
厂房混凝土下部	m^3	3	铁丝	kg	2
小混凝土预制件搬运损耗	m^3	1.5	铁件	kg	2
水泥	t	1	块石	m^3	4
砂子	m^3	3	条石、料石	m^3	2
碎（砾）石	m^3	4	黑铁管	t	2
碎石（人工加工）	m^3	8	柏油	t	3
碎石（机械加工）	m^3	16	煤油	t	0.4
石灰膏	m^3	2	汽油	t	0.4

续表

材料、成品、半成品名称	单位	损耗率（%）	材料、成品、半成品名称	单位	损耗率（%）
抹墙石灰（砂浆）	m^3	6.7～17	柴油	t	0.4
抹天棚灰（砂浆）	m^3	7.2～17.4	合金钻头	个	1
抹地面砂浆	m^3	7.8	钢钎、空心钢	kg	4
普通门窗材料	m^3	5.3	雷管	个	3
吊顶龙骨料	m^3	1.7	炸药	kg	2
板条	m^3	4	导电线、导火线	m	5
吊顶铁丝	kg	1	煤	t	4
钉	kg	2	石灰	t	2.5
油毡	m^2	5	草袋	千条	4
青红砖	千块	3	砖砌体砌筑砂浆	m^3	1

6.7.5 补充预算定额编制原理

补充预算定额（补充预算单价）是编制工程预算时，对预算定额中缺少的项目进行补充。由于技术、产品市场的不断发展，新技术、新材料和新结构的不断涌现，缺项现象时有发生，因此，编制补充预算定额是非常必要的。

1. 人工

确定补充预算定额中的人工消耗指标时需要考虑的因素有：

（1）在正常施工情况下，土建工程各工种、工程之间的工序搭接及土建工程与预埋、水、暖、电安装工程之间的交叉配合所需的停歇时间。

（2）施工机械临时维修、小修及移动时发生的不可避免的停工损失。

（3）工程质量检查与隐蔽工程验收而影响工人的操作时间。

（4）难以测定的必不可少的小工序和零星用工所需的时间等。

2. 材料

确定补充预算定额中的材料消耗指标时需要考虑的因素有：不是由于施工企业的原因所造成的质量不符标准和材料不足对材料耗用量和加工费的影响。

3. 建筑机械

衡量预算定额中的建筑机械台班消耗指标应考虑以下几点因素的影响：

（1）机械施工在大量手工操作配合中不可避免的停歇时间。

（2）在工作班内机械变换位置所引起的难以避免的停息时间。

（3）机械临时性维修、小修引起的停歇时间。

（4）机械的偶然性停歇，如临时停水、停电所引起的工作间歇。

（5）施工开始和结束时由于施工条件和工作不饱满所损失的时间。

（6）工程质量检查影响机械工作损失的时间。

第8节 概 算 定 额

概算定额是在预算定额的基础上，根据通用图和标准图等资料，经过适当综合扩大编制而成的。其单位有体积（m^3）、面积（m^2）、长度（m），或以每座小型独立构筑物计算。

6.8.1 概算定额的内容及作用

1. 概算定额的内容

概算定额一般包括目录、总说明、工程量计算规则、分部工程说明、定额目录表和有关附录或附表等系列组成部分。

在总说明中主要阐明编制依据、使用范围、定额的作用及有关统一规定等。在分部工程说明中主要阐明有关工程量计算规则及本分部工程的有关规定等。在概算定额表中，分节定额的表头部分分列有本节定额的工作内容及计量单位，表格中列有定额项目的人工、材料和机械台班消耗量指标。

2. 概算定额的作用

概算定额是由部、省两级主管部门编制颁发的、具有经济法令性的文件，其作用有以下几点：

（1）是初步设计阶段确定工程总投资的依据。

（2）是设计方案选择时进行技术经济比较的依据。

（3）可作为规划阶段估算工程投资的参考指标。

（4）是编制估算指标的基础。

6.8.2 概算定额的编制依据及步骤

1. 概算定额的编制依据

（1）现行的设计标准及规范，施工验收规范。

（2）现行的工程预算定额和施工定额。

（3）经过批准的标准设计和有代表性的设计图纸等。

（4）人工工资标准、材料预算价格和机械台时（班）费等。

（5）现行的概算定额。

（6）有关的工程概算、施工图预算、工程结算和工程决算等经济资料。

（7）上级颁发的有关政策性文件。

2. 概算定额的编制步骤

概算定额与预算定额在编制方法、编制原则及编制步骤中基本相同，由于在可行性研究阶段及初步设计阶段，设计资料尚不如施工图设计阶段详细和准确，设计深度也有限，要求概算定额具有比预算定额更大的综合性，所包含的可变因素更多。因此，概算定额与预算定额之间允许有5%以内的幅度差。在水利水电工程中，从预算定额过渡到概算定额，一般采用的扩大系数为1.03～1.05。

概算定额的编制步骤一般分为：准备工作阶段、编制概算定额初审阶段和审查定稿阶段。

在编制概算定额准备阶段，应确定编制定额的机构和人员组成，进行调查研究，了解现行的概算定额执行情况和存在的问题，明确编制目的，并制定概算定额的编制方案和划分概算定额的项目。

在编制概算定额初级阶段，应根据所制定的编制方案和定额项目，在收集资料和整理分析各种测算资料的基础上，根据选定有代表性的工程图纸计算出工程量，套用预算定额中的人工、材料和机械消耗量，再加权平均得出概算项目的人工、材料、机械的消耗指标，并计算出概算项目的基价。

在审查定稿阶段，要对概算定额和预算定额水平进行测算，以保证两者在水平上的一致性。如预算定额水平不一致或幅度差不合理，则需要对概算定额做必要的修改，经定稿批准后，颁发执行。

6.8.3 概算定额的特点

概算定额的特点具体有以下几点。

（1）项目划分贯彻简明适用的原则，在综合预算定额项目划分的基础上，进一步综合扩大，适当合并相关项目，拉大步距，以简化编制概算手续。

概算定额项目内容，包括完成该工程项目的全部施工过程所需的人工、材料、成品、半成品和施工机械使用费用。

（2）全部工程项目，基本形成独立、完整的单位产品价格，便于设计人员做多方案技术经济比较，提高设计质量。

单项定额实质上是差价定额，其中已扣去了定额项目中综合的一种材料单位价格，调整时只要将单项定额差价加上或减去综合项目价格。

（3）以综合预算定额为基础，充分考虑到定额水平合理的前提，取消换算和系数，原则上不留活口，为有效控制建设投资创造条件。例如：有关定额项目中均综合了钢筋和铁件含量，如与设计规定不符时，应调整。计算构件含钢量时，设计图纸未说明的钢筋接头，不计算；混凝土和钢筋混凝土强度等级，如与设计规定不同时，也应调整；砌筑砂浆等级和抹灰砂浆配合比，编制概算时不调整。

（4）基本保持综合预算定额水平，略有余地。有人测算，概算定额加权综合平均水平比综合预算定额增加造价2.06%。这个水平是比较合适的。

6.8.4 概算指标

1. 概算指标的含义与作用

概算指标是与概算定额相比较而言，概算指标更为综合和概括，它是对各类建筑物以面积、体积或万元造价为计算单位所整理的造价和人工、主要材料用量的综合性评价指标。

建筑工程概算指标的作用是：

（1）在初步设计阶段编制建筑工程设计概算的依据。这是指在没有条件计算工程量时，只能使用概算指标。

（2）设计单位在建筑方案设计阶段，进行方案设计技术经济分析和估算的依据。

（3）在建设项目的可行性研究阶段，作为编制项目的投资估算的依据。

（4）在建设项目规划阶段，估算投资和计算资源需要量的依据。

2. 概算指标内容

概算指标是指整个建筑物单位面积（或单位体积）的消耗指标。在概算指标的总说明中，说明指标的用途、依据、适用范围和计算方法等。

概算指标有以下种类：

（1）建设投资参考指标。一为各类建设项目投资参考指标；二为建筑工程每100m^2（m^3）消耗工料指标的示例。

（2）各类工程的主要项目费用构成指标。一为建筑单位工程主要项目占直接费百分比指标；二为人工耗用及工程费用构成参考指标。

上述指标仅适用在项目规划阶段估算投资和资源之用。

（3）各类工程技术经济指标。

3. 概算指标的编制依据

建筑工程概算指标的编制依据有以下几点：

（1）各种类型工程的典型设计和标准设计图纸。

（2）现行建筑工程预算定额和概算定额。

（3）当地材料价格、工资单价、施工机械台班费、费用定额。

（4）各种类型的典型工程结算资料。

（5）国家及地区的现行工程建设政策、法令和规章。

编制单位工程概算指标，是选择典型工程和图纸，根据施工图和现行预算定额编出预算书，求出每单位工程量的预算造价，人工、材料、机械和主要材料消耗量指标。

编制分项工程概算指标，如每 $10m^2$ 框架工程中的梁、柱混凝土体积的概算指标，是根据现行国家标准图集、各地区设计通用图集以及历年来建设工程中比较常用的工程项目的结构形式、构造和建筑要求进行测算。对所得的大量数据加以分析比较，综合扩大，然后划分类型，如不同柱网尺寸、不同基础形式等。最后进行加权平均，取其中间偏高的数据，同时还得考虑不同的荷载和地基承载力等因素。

第9节　估算指标

6.9.1　估算指标的含义和作用

在概算定额的基础上综合并扩大的建筑、安装工程估算定额称估算指标，因为施工定额、预算定额和概算定额都是以基本直接费表示的，而估算指标则包括建筑安装工程单价几项内容，如直接工程费、现场经费、其他直接费、间接费、计划利润和税金表示的，所以一般情况下不叫“估算定额”而称为“估算指标”，以示区别。

估算指标系根据国家计委计标〔1986〕1620号文印发的《关于做好工程建设投资估算指标制订工作的几点意见》的通知，由各专业部委分别制定的专业指标。水利水电工程投资估算指标是能源部、水利部1990年6月16日以能源水规〔1990〕463号文颁发的，从1990年7月1日起执行。主要适用于大型水利水电枢纽工程建设项目，是可行性研究阶段编制工程投资估算的依据，亦可作为规划阶段计算投资和进行设计方案经济比较的参考指标。地方或其他单位投资兴建的中小型水利水电工程，由各省、自治区、直辖市水利水电厅（局）结合本地区实际情况，在不降低定额水平的前提下，组织编制和颁发，并报主管部门核备。贵州省目前尚没有颁发水利水电工程（中、小型）投资估算指标。现采用在概算定额的基础上扩大10%来编制投资估算。

6.9.2 估算指标的管理

部颁估算指标现由电力工业部水电建设定额站和水利部水利建设定额站负责管理和解释，省颁估算指标则由省水利建设定额站负责制定、管理和解释。

第10节 定额水平测定

6.10.1 定义

定额水平是指新编制的定额项目与原定额项目相比相对提高或降低的百分率和加权后提高或降低的百分率，即定额水平包含两个含义：按其产量定额绝对值增（或减）的百分率和加权后增（或减）的百分率。

其“加权”是指该项目在本章中或该章在该册中按其重要程度所占的权数。

例如部颁“83”《劳动定额》中闸门埋设件安装是：18.4 工日/t

原“65”《施工指标》中闸门埋设件安装是：22.4 工日/t

这均是劳动定额，相应其产量定额则是：

1/18.4 = 0.054345(t/工日)(“83”《劳动定额》)

1/22.24 = 0.04496(t/工日)(“65”《施工指标》)

故“83”《劳动定额》与“65”《施工指标》比较：

0.054345/0.04496 - 1 = 1.2087 - 1 = +20.87%

即“83”《劳动定额》提高了20.87%。

又因“闸门埋设件安装”这个项目在“金属结构制作安装工作”这一分册中所占的权数为3.8%，故其“83”《劳动定额》与“65”《施工指标》比较，加权后是：

+20.87%×3.8% =+20.875×0.038 =+0.79306%

即加权后增加了0.79306%。

这里 +20.87%和 +0.79306 就是“闸门埋设件安装”“1983”劳动定额的定额水平。

它的含义是：“83”《劳动定额》与“65”《施工指标》比较，产量定额提高了20.87%，加权后提高了0.79306%。

又例如：“99”《预算定额》中闸门埋设件安装是：18.18 工日/t

1/18.18 =0.055006（t/工日）；则“83”《劳动定额》与“99”《预算定额》比较：

0.055006÷0.054345 -1 =1.0122 -1 = +1.22%

即“99”《预算定额》提高了1.22%。

6.10.2 测算定额水平的目的

定额水平测算的目的就是要测算出新编制的定额与原定额可比项目的高低程度，即其产量定额所提高（或降低）的百分率和加权后提高（或降低）的百分率。

如上述闸门埋设件安装，原“65”《施工指标》是0.04496t/工日，“83”《劳动定额》是0.05435t/工日，经测算产量定额提高了20.87%，加权后提高了0.7930%，这就是我们要测算的结果。

通过定额水平测算可得出工效是提高(+)还是降低(-)，它可以反映出施工水平的变化（增加是提高，减少是降低)。

6.10.3 测算定额水平的方法

定额水平的测定方法，按其定额的分类可以分为施工定额水平测算方法和预算定额水平测算方法及概算定额水平测算方法三种。

由于施工定额、预算定额和概算定额的精度、深度不同，编制方法各异，故其定额水平的测算方法也不尽相同，但均大同小异。下面仅介绍预算定额的测算方法。

预算定额的测算内容包括两部分：

(1) 求出其产量定额提高（或降低）的百分率。

(2) 按其权数求出加权后提高（或降低）的百分率。

其测算方法为：

1）取其相应项目（即可比项目）的产量定额，以原定额值为分母、新定额值为分子相除后减1，即：

$$\frac{\text{新定额的劳动定额}}{\text{原定额的劳动定额}}-1=\begin{cases}\text{得}+\text{：新定额比原定额提高}\\ \text{得}-\text{：新定额比原定额降低}\end{cases}$$

2）加权后提高（或降低）的百分率为

权数 × 产量定额提高（或降低）的百分率 = 加权后提高（或降低）的百分率

当各个项目的定额水平测算出来后，还须算出全章、册定额的水平。

6.10.4 测算全章定额水平

若是修编就必须有增减：减掉的不存在了无须比较；增加的则没有项目可比，应先把项目相同的进行定额水平测算，求出其可比项目的权数之和以及相应加权后提高（降低）的百分率。

6.10.5 测算全册定额水平

全册的定额水平是指全册各章按可比项目测算，加权后提高（或降低）的百分率。

当各章定额水平测算出来后，相应计算出全册定额水平，才是新编写定额的总水平。

第11节 定额的使用

6.11.1 定额的使用原则

在水利水电工程建设造价管理工作中，定额起着举足轻重的作用，设计单位的概预算工作人员和施工企业的造价管理人员都必须熟练准确地使用定额。为此必须努力做到以下几点。

（1）要认真阅读定额的总说明和分册分章说明。对说明中指出的编制原则、依据、适用范围、使用方法、已经考虑和没有考虑的因素以及有关问题的说明等，都要通晓和熟悉。

（2）要了解定额项目的工作内容。能根据工程部位、施工方法、施工机械和其他施工条件正确地选用定额项目，做到不错项、不漏项、不重项。

（3）要学会使用定额的各种附录。例如，对建筑工程要掌握土壤与岩石分级、砂浆与混凝土配合材料用量的确定；对于安装工程要掌握安装费调整和各种装置性材料用量和概算指标的确定等。

（4）要注意定额修正的各种换算关系。当施工条件与定额项目规定条件不符时，应按定额说明和定额表附注中有关规定换算修正。例如，各种运输定额的运距换算、各种乘系数换算等。除特殊注明者外，一般乘系数换算均按连乘计算。使用时还要区分修正系数是全面修正还是只乘在人工工日、材料消耗或机械台班的某一项或几项上。

（5）要注意定额单位和定额中数字表示的适用范围。概预算工程项目的计算单位要和定额项目的计量单位一致。要注意区分土石方工程中的自然方和压实方；砂石备料中的成品方、自然方与堆方码方；砌石工程中的砌体方与石料码方；沥青混凝土的拌和方与成品方等。定额中凡数字后用“以上”“以外”表示的都不包括数字本身，凡数字后用“以下”“以内”表示的都包括数字本身。凡用数字上下限表示的，如 1000 ~ 2000，相当于1000 以上至 2000 以下。

6.11.2　劳动定额的使用举例

1. 按劳动定额计算完成某项工程所需工作日

【例 16】　某市水电站溢洪道工程中墩断面如图 6.1 所示，墩高 8m（自岩面算起）。采用木模板，自岩面支立，有脚手架，先立模后绑钢筋。加工成型的模板与木料已运到距安装地点 20m

以内。平面模板每块大于 $3m^2$，曲面模板每块 $1\sim2m^2$。求支模所需用工日数、劳动组合用工数与工期（一班作业）。

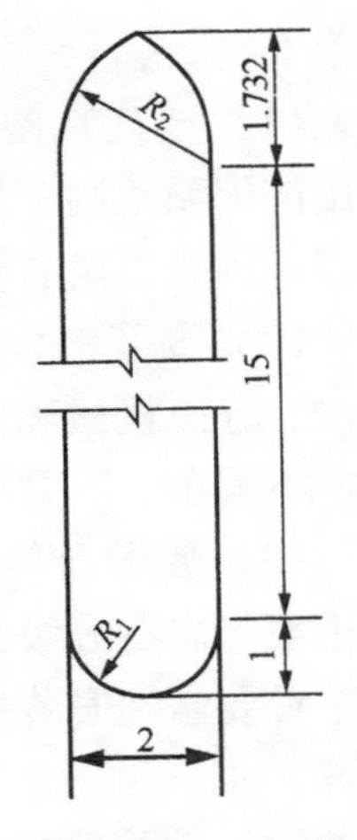

图 6.1 溢洪道中墩平面图

解 （1）计算立模工程量。

平面模板面积为 $15\times8\times2=240$（m^2）

其中：3m 高以下部分为 $90m^2$。

圆弧模板面积为：

半径 1m 部分为 $3.14\times8=25.12$（m^2）

半径 2m 部分为 $\frac{120}{180}\times2\times3.14\times8=33.49$（$m^2$）

（2）查定额。

查《劳动定额》7－17 普通模板安装定额。岩石基础、立模高度 3m、安装劳动定额为 0.222 工日/m^2；加高层立模高度 6m 以内，定额劳动量 0.182 工日/m^2。

查《劳动定额》7－19 普通曲面模板安装定额。半径 1m 圆弧模板劳动定额 0.263 工日/m^2，半径 2m 圆弧模板劳动定额 0.222 工日/m^2。

（3）确定定额修正系数。

按总说明与分章说明，模板支立定额按三班作业编制，改为一班作业需乘以系数 0.92。

按分章说明：模板安装工作内容已包括 20m 以内取运材料，故不需另计搬运劳动量；本定额适用于每块模板面积 $1\sim2m^2$ 的模板安装，如模板每块面积在 $3m^2$ 以上乘以系数 0.9；本定额立模以先立模后绑钢筋为准，按无脚手架拟定木模支立定额，若在脚手架上操作，时间定额乘以系数 0.9。

（4）计算需用工日数。

平面模板支立用工为：

$(90\times0.222+150\times0.182)\times0.9\times0.9\times0.92=35.23$（工日）

曲面模板支立用工为：

$(25.12\times0.263+33.49\times0.222)\times0.9\times0.92=11.63$（工日）

总用工为46.86工日。

（5）计算合理劳动组合用工人数与工期。

按定额表中劳动组合规定：普通模板安装为二级至五级工8人，平均3.5级；曲面模板安装为二级至六级工7人，平均3.86级。按此劳动组合配备工人，普通模板需4.4天支完，曲面模板需1.66天支完。

2. 根据机械台班产量定额计算完成某项工程所需机械台班数或台数

【例17】 某水利水电工程心墙土坝坝壳采用砂砾料填筑，要求日上坝强度6000m^3，三班作业，采用斗容2m^3油压正铲挖掘机挖装载重15t自卸汽车运输上坝，运距2km，二类道路，挖土高度1.5m，挖运填筑施工损失率5%，压实干容重2.0t/m^3，自然干容重1.90t/m^3，求需用挖掘机与自卸汽车数量（不包括备用量）。

解 （1）求挖运施工强度。

挖运班强度为$\frac{6000}{3}\times\frac{2.0}{1.9}\times(1+5\%)=2210.5m^3/$班(自然方)。

（2）查机械台班产量定额。查《劳动定额》1－1挖土机挖土装车定额，斗容2m^3油压正铲挖Ⅲ类土装车台班产量527m^3/台班。查1－5自卸汽车运输土料定额，斗容2m^3油压正铲装15t自卸汽车运输土料、运距2km，台班产量88m^3/台班。

（3）确定定额修正系数。根据分章分节说明，挖掘机挖砂砾料按Ⅲ类土台班产量乘系数0.9；挖掘机开挖掌子面过低，自卸汽车台班产量可乘以系数0.9。现用2m^3挖掘机最优掌子面高度3.5m以上，而实际挖土高度仅1.5m，显然过低。

（4）计算需用台班数和需用机械数量。

挖掘机台班数为$\frac{2210.5}{527\times0.9}=4.66$（台班）；

需用汽车台班数为 $\dfrac{2210.5}{88\times0.9}=27.91$（台班）；

需用挖掘机5台、自卸汽车28台。

6.11.3 建筑工程概预算定额的应用举例

根据工程项目的具体施工条件和内容，查寻相应定额项目的定额表，然后再确定完成该项目单位工程量所需人工、材料与机械台班耗用量，供编制工程单价使用。

【例18】 某浆砌石平面护坡工程，设计砂浆标号为M10，砌石所需材料已运到距工作面20m以内，求每立方米浆砌石所需人工、材料预算耗用量。

解 （1）查“2002”《预算定额》。平面护坡浆砌块石定额编号30017，每100m³砌体需消耗人工838.7工时、块石108m³（码方）、砂浆35.3m³。因砌石工程定额已综合包含了拌浆、勾缝和20m以内运料用工，故不需另计其他用工。

（2）确定砂浆材料预算用量。根据设计砂浆标号，查附录表7-15砂浆材料配合比表（1），每立方米砂浆主要材料预算用量有：

32.5P.S（或P.O）水泥305kg

砂1.10m³

（3）综合计算每立方米浆砌石人工与材料耗用量。

人工为8.39工日

块石为1.08m³（码方）

水泥为 $305\times\dfrac{35.3}{100}=107.67\text{kg}$

砂为 $1.10\times\dfrac{35.3}{100}=0.388\text{m}^3$

6.11.4 安装工程概预算定额的应用举例

根据所安装设备的种类、型号和规格，查相应定额项目的定额表，确定安装费预算单价。

【例19】 试计算7.5万kW水轮机（含调速器和油压装置）的安装概算、预算单价。

已知资料如下：

（1）人工预算单价为18.1元/工日。

（2）7.5万kW水轮机型号：HL180 – LJ – 110（混流式），水轮机重量为285t。

调速器型号为：T – 100。

油压装置型号为：YS – 4。

（3）工地材料的预算单价见表6.15。

（4）各项费率按照水利部水建〔1998〕15号文规定，分别为：其他直接费率3%，现场经费取人工费的50%，间接费取人工费80%，企业利润为7%，三税税率为3.22%。

解 1. 套用定额

（1）查“86”《安装概算定额》和“86”《安装预算定额》水轮发电机重285t介于280t和310t两个子目之间，按定额规定，重量相差5%时，可按插入法计算安装费。本例水轮机重量相差仅为1.8% <5%，所以对于概算可直接套用280t水轮机相关项目进行安装费的计算。

（2）定额调整：

1）查“86”《概算定额》（编号为01015）知：人工费为29350元，材料费为42170元，机械使用费为25010元，劳动量为7230个工日列于表6.13中。

2）查“86”《预算定额》知：水轮机定额价（编号01015），调速器定额价（编号02003），油压装置定额价（编号02013）并列于表6.14中。

人工费调差系数：

$\xi_r = q_{bd}/q_{dr} = 18.1 \times 7230/29350 = 4.46$(概算)

$\xi_r = q'_{bd}/q'_{dr} = 18.1 \times 6061/16425 = 6.68$(预算)

材料费调差系数：

$\xi_c = 2.8044$(计算过程参见表6.15)

机械使用费调差系数：

$\xi_j = 2.4356$(计算过程参见表6.16)

表 6.13　　概算定额水轮机安装材料费调差计算表

定额编号	设备名称	安装费（元）			劳动量（工日）
		人工费	材料费	机械使用费	
01015	水轮机	29350	42170	25010	7230
	调速器				
	油压装置				
合　计		29350	42170	25010	7230

表 6.14　预算定额水轮机、调速器、油压装置预算定额价表

定额编号	设备名称	安装费（元）			劳动量（工日）
		人工费	材料费	机械使用费	
01015	水轮机	16425	37278	22622	6061
02003	调速器	1287	1716	488	475
02013	油压装置	816	991	658	301
合　计		18528	39985	23768	6868

表 6.15　　水轮机安装材料费调差计算表

材料名称	钢板（kg）	型钢（kg）	汽油（kg）	电焊条（kg）	电石（kg）	氧气（m^3）	电（kW·h）	定值材料（元）	合计
工地预算价（元）	2.8	2.5	3.5	5.23	1.7	3.5	0.51		
调差指标	0.112	0.44	0.013	0.107	0.084	0.048	0.639	0.139	
调差计算	0.3136	1.1100	0.0455	0.5596	0.1428	0.1680	0.3259	0.139	2.8044

由计算结果可知本工程机械使用费调差系数为 2.4356。

2. 计算概算安装费单价

由表 6.17 计算结果可知，本工程水轮机概算安装费单价为 54.07 万元/台。

表 6.16 机械使用费调差系数计算表 单元:元

定额编号	机械		第一类费用			机上人工费	燃料	工地台班费	调差指标(10^{-4})	调差计算
	名称	规格	定额价	调整系数	调整价					
1261	载重汽车	5t	59.33	1.61	95.52	1×18.1=18.1	30×3.5=105	218.62	5.0	0.1100
1294	平板拖车	40t	158.14	1.26	199.26	2×18.1=36.2	59×3.5=206.5	442.00	4.0	0.1768
1479	门式起重机	30t	366.03	1.29	472.18	3×18.1=54.3	545×0.51=278	804.50	7.9	0.6360
1486	塔式起重机	25t	376.63	1.23	463.25	3×18.1=54.3	392×0.51=200	717.60	7.9	0.5669
1489	龙门起重机	10t	71.76	1.25	89.7	2×18.1=36.2	91×0.51=46.41	172.60	9.9	0.1706
1498	桥式起重机	10t	42.91	1.28	54.93	1×18.1=18.1	94×0.51=48	120.00	9.9	0.1188
1518	汽车起重机	8t	95.92	1.31	125.66	2×18.1=36.2	40×2.15=86	247.86	5.0	0.1239
1535	轮胎起重机	16t	128.69	1.29	166.0	2×18.1=36.2	42×2.15=90.3	292.5	5.0	0.1463
1570	卷扬机	5t	11.48	1.32	15.15	1×18.1=18.1	43×0.51=22	73.35	9.9	0.0726
1844	交流电焊机	30kVA	10.3	1.32	13.60	1×18.1=18.1	97×0.51=49.5	81.20	14.8	0.1202
1842	直流电焊机	30kW	5.02	1.29	6.48		168×0.51=85.7	92.20	14.8	0.1345
1866	卷板机	2×2000mm	22.93	1.70	38.98	2×18.1=36.2	84×0.51=42.84	118.02	5.0	0.059
合计										2.4356

表 6.17　　工程概算安装费计算表

序号	项目	单价（元）	调整系数	计算过程	金额（元）
1	直接工程费				384814.26
1.1	直接费				310061.90
1.1.1	人工费	29350	4.46	29350×4.46	130901.00
1.1.2	材料费	42170	2.8044	42170×2.8044	118261.55
1.1.3	机械使用费	25010	2.435	25010×2.435	60899.35
1.2	其他直接费			(1.1)×3%	9301.86
1.3	现场经费			(1.1.1)×50%	65450.5
2	间接费			(1.1.1)×80%	104720.8
3	施工利润			(1+2)×7%	34267.45
4	税金			(1+2+3)×3.22%	16866.44
	合计			1+2+3+4	540669

3. 计算预算安装费单价

由表 6.16 取人工费调差系数 $\xi_r=6.68$，材料费和机械使用费的调差系数与“概算安装费单价”计算相同，即：

$$\xi_c=2.8044,\ \xi_j=2.4356$$

表 6.18 可计算出本工程预算安装费单价为 51.18 万元/台。

表 6.18　　工程预算安装费单价计算表　　定额单位：台

序号	定额编号：01015 02003 02013（水轮机 HL180－LJ－110）				
	项目	单价（元）	调整系数	计算过程	金额（元）
1	直接工程费				364337.03
1.1	直接费			(1.1.1)+(1.1.2)+(1.1.3)	293644.18
1.1.1	人工费	18528	6.68		123767.04
(1)	水轮机	16425			
(2)	调速器	1287			
(3)	油压装置	816			
1.1.2	材料费	39985	2.8044		112133.93
(1)	水轮	37278			

续表

序号	定额编号：01015 02003 02013（水轮机 HL180－LJ－110）				
	项目	单价（元）	调整系数	计算过程	金额（元）
(2)	调速器	1716			
(3)	油压装置	991			
1.1.3	机械使用费	23708	2.4356		57743.21
(1)	水轮机	22622			
(2)	调速器	488			
(3)	油压装置	658			
1.2	其他直接费			(1.1)×3%	8809.33
1.3	现场经费			(1.1.1)×50%	61883.52
2	间接费			(1.1.1)×80%	99013.63
3	利润			(1+2)×7%	32434.55
4	税金			(1+2+3)×3.22%	15964.28
合　计				1+2+3+4	511750

计算结果：

本工程7.5万kW水轮机（含调速器和油压装置）的概预算安装费为：

概算安装费：540669元/台

预算安装费：511750元/台

本例计算采用“86”《概算定额》与“86”《预算定额》的目的仅用以说明同一时期所颁发的定额其水平上的比较。从计算结果可见概算单价比较预算单价增大5.65%，这个差距是合适的。如果采用“97”《水力发电设备安装工程概算定额》计算本例工程的概算安装费，应以设备原价为计算基础的安装费率形式进行计算。如果采用“1999”《水利水电设备安装工程概算定额》计算本例工程的概算安装费，则是以实物量式计算。

第7章　水利水电工程概预算编制

第1节　工程概预算的编制方法与程序

7.1.1　建筑工程概算的编制方法

水利水电工程概算是指枢纽工程和其他永久建筑物以货币表现的投资额，构成水利水电基本建设工程项目划分的第一部分建筑工程，是工程总投资的主要组成部分，工程竣工之后构成水利枢纽、水电站、水库或其他水利工程管理单位的固定资产。编制建筑工程概算前，首先应按《工程项目划分》对工程项目进行划分，分清主体建筑工程和一般建筑工程。

水利水电工程概算编制的方法一般包括单价法、指标法及百分率法三种形式，其中以单价法为主。所谓单价法就是以工程量乘以工程单价来计算工程投资的方法，它是建筑工程概算编制的主要方法。

指标法是指用综合工程量乘以综合指标的方法计算工程投资。在初步设计阶段，由于设计深度不足，工程中的细部结构难以提出具体的工程数量，常用指标法来计算该部分投资。再如交通工程、房屋建筑工程常用综合指标来计算（万元/km，元/m^2）。

百分率法是指按某部分工程投资占主体建筑工程的百分率来计算的方法。如在初步设计阶段编制工程概算时，厂坝区动力线路工程、厂坝区照明线路及设施工程、通信线路工程、供水、供热、排水及绿化、环保、水情测报系统、建筑内部观测工程等很难提出具体的工程数量，则按主体建筑工程投资的百分率来粗略计算。

7.1.2　建筑工程概（预）算的编制程序

水利水电基本建设工程按单位估价法编制工程概预算，一般可按下述程序进行。

1. 了解工程概况

从事各阶段概预算编制工作，要熟悉上一阶段设计文件和本阶段设计工作成果。从而了解工程规模、地形地质、枢纽布置、机组机型、主要水工建筑物的结构形式和技术数据、施工场地布置、对外交通方式、施工导流、施工进度及主体工程施工方法等等。

2. 调查研究、搜集资料

（1）深入现场，实地勘查，了解枢纽工程和施工场地布置情况、现场地形、砂砾料与天然建筑材料料场开采运输条件、场内外交通运输条件和运输方式等情况。

（2）到上级主管部门和工程所在地省、自治区、直辖市的劳资、计划、物资供应、交通运输和供电等有关部门及施工单位、制造厂家，搜集编制概预算的各项基础资料及有关规定，如人工工资及工资性津贴标准、材料设备价格、主要材料来源地、运输方法与运杂费计费标准和供电价格等。

（3）新技术、新工艺、新定额资料的搜集与分析。为编制补充施工机械台班费和补充定额搜集必要的资料。

3. 基础单价编制

根据基础资料和施工组织设计，计算分析以下基础单价：

（1）人工预算单价。

（2）材料预算价格。

（3）施工用风、水、电预算价格。

（4）施工机械台班费。

（5）砂石料单价。

以上几种基础单价是编制工程概预算的重要基础数据，同时也是编制工程单价时计算人工费、材料费和机械使用费所必需的最基本的价格资料，因此，它必须按实际资料和有关规定认真慎重地计算确定。

4. 主要工程单价编制

（1）投资估算，要求编制主体建筑工程、导流工程和主要设备安装工程单价，对其他建筑工程、交通工程、其他设备安装工程及临时工程则应根据有关规定确定指标或费率。编制单价时采用概算定额扩大10%计算，以适应投资估算阶段的深度。

（2）设计概算，要求按概算定额编制以下工程单价：

1）主要建筑工程中除细部结构以外的所有项目；

2）交通工程中的主要工程；

3）设备安装工程；

4）临时工程中的施工导流工程和施工交通工程中影响投资较大的项目。

概算阶段一般按《水利水电基本建设工程项目划分》规定划分至三级项目计算工程单价。

除上述各项以外的其他工程均按有关资料和规定确定有关指标。

（3）施工图预算，要求根据施工图、施工组织设计和预算定额，按分部分项的四级至五级项目编制建筑安装工程单价。

5. 工程量计算

由专业设计人员按设计图纸和《水利水电工程设计工程量计算规定》计算工程量和列出设备清单。

概预算编制人员应对照图纸认真复核，防止漏项少算或高估冒算。

6. 编制各种概预算表

投资估算要编制工程投资估算表和分年度投资估算表，最后汇总为投资总估算表。

设计概算要分别编制建筑工程、机电设备及安装工程、金属结构设备及安装工程、临时工程及其他费用概算表，在此基础上编制永久工程综合概算表、分年度投资表和总概算表。

由于施工图设计阶段常根据工期分期提出施工图纸，所以施工图预算也可根据先后施工的工程项目（一级或二级项目）分期编制。如某水库工程可分为输水隧洞、拦河土坝、溢洪道、水电站、交通工程等分期编制施工图预算。施工图预算只编制本工程项目建筑工程与设备安装工程预算表。

7. 编制说明书及附件

投资估算的编制说明，应根据可行性研究规程的要求简述下列内容。

（1）工程规模、主要技术经济指标、基础单价、主体建筑工程单价的编制依据、机组价格、水库淹没补偿指标及其他有关费用估算原则等。

（2）根据环境保护报告，说明环保投资内容和采取措施所需增加的投资。

（3）由于施工外部协作条件、建筑工期、资金渠道、贷款条件等可能变更而影响投资较大时，必要时作出投资相应变化的分析说明。

（4）其他需要说明的问题。

设计概算编制说明主要内容包括：工程规模、工程地点、资金来源、工资预算单价、对外交通方式、主要编制依据、主要材料及设备预算价格的计算原则、工程总投资和总造价、单位投资和单位造价，以及其他的必要说明。最后填出主要经济指标简表。设计概算的附件基本都是前述各项工作的计算书及成果汇总表。

施工图预算的编制说明一般可包括编制依据、工程简要情况、编制中需要说明的有关事项、存在问题与今后处理意见等内容。施工图预算的重要附件是人工、材料、机械台班分析表。此表应根据工程量及工程单价表中的工日、材料、机械台班数量逐级计算汇总编制。

7.1.3 主体建筑工程概算的编制

主体建筑工程项目包括主体工程项目、交通工程项目、房屋工程项目和其他工程项目几个部分。

1. 主体建筑工程项目概算

主体工程项目概算采用单价法计算，即采用设计工程量乘以单价进行编制。

（1）工程项目划分。在按照《工程项目划分》原则对工程项目进行划分时，有些项目在编制工程概算时可再划分为第四级，甚至第五级项目，如：

1）土方开挖工程，应将土方开挖与砂砾石开挖分开。

2）石方开挖工程，应将明挖与平洞、竖井开挖分开，或者按施工部位分进口石方开挖和出口石方等。

3）土石方回填工程，应将土方回填与石方回填分列。

4）混凝土工程，应按不同的施工部位不同设计标号划分，如：闸墩C25混凝土，闸底板C20混凝土等。

5）砌石工程，应将干砌石、浆砌石、抛石、铅丝笼块石分列等。

对于单个建筑物工程，项目划分中的二级项目可视为一级项目计列。具体工程项目划分可根据工程的具体特点，参照概算编制办法中规定的项目划分内容作必要的增删调整，并应与相应概算定额子目要求一致，力求简单明了，符合实际。

（2）工程量。工程量计算依据应由各专业设计人员提供，在概算阶段均应按照建筑物的几何轮廓尺寸计算工程量，并按《水利水电设计工程量计算规定》乘以初步设计阶段系数作为工程概算的工程数量。施工中应增加的超挖、超填和施工附加量及各种损耗和体积变化，均已按现行施工规范和有关规定计入概算定额。设计工程量中不再另行计算。

（3）主体建筑工程概算表格的填写与计算。建筑工程概算表格采用概算编制办法规定的格式，见表7.1。

表7.1　　建筑工程概算表

序号	工程或费用名称	单位	数量	单价（元）	合计（元）

表中第二栏“工程或费用名称”，按照工程项目划分填至三级或四级项目，甚至五级，以能说清楚为止。计算时首先从最末一级即五级或四级项目开始，采用工程量乘单价的办法计算合计

投资，合计以万元为单位，取两位小数，然后向上逐级合并汇总，即得主体建筑工程概算投资。

2. 交通工程

交通工程系指水利水电工程的永久对外公路、铁路、桥梁、码头等工程，其主要工程投资应按设计提供的工程量乘以相应单价计算，也可按经审核的委托单位专项概算数列入。次要项目可按每公里、米、座的扩大指标计算。

3. 房屋建筑

房屋建筑是指水利枢纽、水电站、水库等基本建设工程的永久辅助生产厂房、仓库、办公室，其投资按设计提供的建筑面积造价指标计算。宿舍、住宅等生活及文化福利建筑，在考虑国家现行房改政策的情况下，按主体建筑工程投资的百分率计算。室外工程及基础按占房屋建筑工程投资的10% ~15%计算。

4. 其他工程项目概算（细部结构工程）

其他工程项目概算采用指标法的形式计算。在项目划分中，它与上述主体工程项目中的三级项目并列构成主要建筑工程概算项目内容。

（1）细部结构工程内容主要包括：止水、伸缩缝、接缝灌浆、灌浆管、冷却水管、灌浆及排水廊道模板、排水管、排水沟、排水井、减压井、渗水处理、通气管、消防、栏杆、坝顶、路面、照明、爬梯、建筑装修及其他细部结构等。

（2）综合指标的采用。在初步设计阶段，由于设计深度所限，不可能对上述繁多的细部结构项目提出具体的工程数量，在编制概算时，大多按建筑物本体的工程量乘综合指标来计算。采用综合指标时还应注意如下几个问题：

1）综合指标应视为直接费，采用时应按规定计入其他直接费、现场经费、间接费、计划利润和税金等有关费用。

2）细部结构项目的选取，应根据工程的具体情况而定，没有的子项目应删去，漏缺的子项目应添上。如内部观测设备及安装工程在概算中单独列出，则在细部结构项目中应予删除。

3）砌石重力坝按混凝土重力坝指标选取。

4）这些指标的选取尚应考虑物价因素进行调整。

（3）其他工程项目概算的编制。按照单个建筑物的本体工程量乘以综合指标来计算。其本体工程量对坝体工程而言指坝体方量，对水闸、溢洪道、进水塔、隧洞厂房、变电站、船闸等工程指混凝土的总方量。

7.1.4 一般建筑工程（其他永久工程）概算的编制

一般建筑工程项目包括交通工程、房屋建筑工程和其他工程三个部分，其概算编制既可采用主体建筑工程的编制方法（工程量乘单价），也可采用扩大单位指标进行编制。

1. 内部观测工程概算

内部观测工程是指埋设在建筑物内部及固定于建筑物表面的观测设备仪器及安装等，主要包括变形观测、渗流观测、渗压观测等。内部观测设备及安装按建筑工程属性处理，列入相应的建筑工程项目内。

内部观测工程概算根据建筑物的不同形式按主体工程建筑工作量的百分比来计算，其百分率参考数值为：

当地材料坝工程	0.9%～1.1%
混凝土坝	1.1%～1.3%
引水式电站（引水建筑物）	1.1%～1.3%
堤防工程	0.2%～0.3%

2. 照明线路及设施工程

照明线路及设施工程指厂坝区照明线路及其设施（户外变电站的照明也包括在本项内）。不包括应分别列入拦河坝、溢洪道、引水系统、船闸等水工建筑物其他工程项目内的照明设施。

3. 通信线路工程

通信线路工程包括对内、对外的架空线路和户外通信电缆工程（户内通信电缆包括在第二部分通信设备安装工程内）及枢纽至本电站（或水库）所属的水文站、气象站的专用通信线路工程等。

4. 厂坝区及生活区供水、供热、排水等公用设施工程

厂坝区及生活区供水、供热、排水等公用设施工程包括两类，一类：全厂生产及生活（或生产与生活相结合）用供水、供热、排水系统的泵房、水塔、锅炉房、烟囱、水井等建筑物和管路安装；另一类：全厂生活用供水、供热、排水系统的水泵、锅炉等设备及安装。不包括发电厂和变电站的压气、水、油系统的管路。

5. 厂坝区环境建设工程

厂坝区环境建设工程具体包括：

1）工程竣工阶段，对建筑场地内无残值的临时构筑物的拆除、场地整理、垃圾的清理、运输以及处理等工作所需的费用，有残值的临时构筑物的拆除费应从回收费中扣除。

2）全厂的围墙、界桩、大门以及纪念碑亭、标牌等，不包括应列入第二部分第三项其他设备安装工程内的，为设备安全运行而专门设置的金属网、门、围栏等。

3）厂坝区的绿化，不包括应列入坝（堤）工程内的坝（堤）面的护坡植草。

上述2~5项工程投资按设计工程量乘以扩大单位指标计算。

6. 水情自动测报系统工程

7. 其他

上述6~7项工程投资按设计要求分析计算。

一般建筑工程项目概算的编制方法同主要建筑工程项目一样，两者共同构成第一部分水利水电建筑工程概算。

第2节　水利水电设备及安装工程概算编制

在水利水电工程的总投资中，设备及安装工程的投资占有相当大的比重。认真编制好设备及安装工程概预算是一项十分重要的工作。设备及安装工程分为机电设备及安装工程和金属结构设备及安装工程两大类。在编制概预算时，应按照工程项目收集有

关资料，根据设计书的工程情况，逐项进行设备及安装费的计算。

设备及安装工程概算表格式见表7.2。

表7.2　设备及安装工程概算表

序号	名称及规格	单位	数量	单价（元）		合计（元）	
				设备费	安装费	设备费	安装费

7.2.1　设备及安装工程项目划分和内容说明

1. 在项目划分中应注意的几个问题

（1）在编制设备及安装工程的概预算时，应根据设计图纸和设备清单，按“项目划分”规定，在设备安装工程概预算表中，逐级详细列出一至三级项目。

（2）在概算表中有些项目只列设备费不列安装费，是因为它们的安装费已包括在主机安装费中，或是容器、填充物等不需安装的设备；有些项目只有安装费没有设备费，是指轨道、滑触线、管路、电缆、母线等不属于设备的装置性材料。

（3）机械设备的电动操作和保护等电器设备，其项目划分的原则是：

1）随机配套供应的电气设备，应列入相应的机械设备内。

2）不随机配套供应的电气设备，应列入厂用电设备项或厂坝区馈电设备内。

（4）水力机械辅助设备及其安装。水力机械辅助设备是指厂区（包括变电站）的压缩空气、油、水系统。

1）压缩空气系统。包括高压压缩空气系统和低压压缩空气系统。压缩空气系统是供应水轮机调节停机制动、发电机调相运行、配电装置操作等使用的压缩空气。主要设备有空压机、贮气罐、测控元件等。

2）油系统。包括透平油系统、绝缘油系统和油化验室。主要设备有油泵（充油、排污油用）、滤油机（处理污油用）、油罐、油箱（储存净油用）、油化验设备、油再生设备及表计等。

3）水系统。包括供设备冷却、润滑用消防用水的供水系统，以及建筑物用设备的渗漏、设备冷却与机组检修等排水系统和监测电站水力参数所需的水力测量系统。主要设备有水泵、滤水器、水力测量设备及表计等。

4）厂房上、下水工程属于厂房建筑工程的细部结构，应列入发电厂建筑工程中的“其他工程”三级项目内，不能在水系统内重复计算。上述压缩空气、油、水系统除设备安装外，还应包括管路安装，该项不计设备费。管子、管子附件及阀门均为装置性材料，其价值计入安装费内。

（5）电气设备及安装。

1）发电电压设备。指发电机电子引出线至主变压器低压侧套管之间干线上除厂用电以外的电气设备（包括中性点设备）。主要有油断路器、消弧线圈、隔离开关和互感器等。

其中水轮发电机配套供应的电压互感器、电流互感器的安装费不包括在发电机安装费内，除其设备费以外。在编制发电电压设备安装费时，应将这部分设备原价计入发电电压设备总原价中，按安装费率计算安装费，但其设备费不再计入发电电压设备费中。

2）控制保护设备。指为厂区（包括变电站）进行控制保护所设置的电气及计算机监控设备。主要设备有保护、操作、信号等的屏、盘、柜、台，计算机系统及接线端子箱等。

3）直流系统。指为操作、保护所需的直流供电系统。一般有蓄电池、弃电机、浮充电机和直流屏等设备。

4）厂用电系统。指电厂区用电所需的变电、配电、保护等电气设备。不包括厂区以外各用电点（拦河坝、溢洪道、引水系统等）所需的变电、配电设备（该项属其他设备及安装工程二级项目中坝区馈电设备及安装项内）以及厂区至上述各用电点的馈电线路（属建筑工程部分第十二项其他工程二级项目中的动力线路工程）。

5）电工试验。指为电气设备而设置的各种设备、仪表、表计。电工试验室的各种仪器、表计，在试验工作中需配套使用，故不论其价格高低，均作为设备。

6）电缆。包括全厂的电力电缆、控制电缆以及相应的电缆架、管等。室内通信电缆应列通信设备及安装项内。室外通信电缆应列入厂坝区通信线路工程，属于建筑工程部分其他工程项内二级项目。

7）母线。包括发电电压母线、厂用电母线。不包括直流系统母线、变电站母线和接地母线。“一次拉线”指从主变压器高压侧至变电站出架的一次拉线，软（硬）母线、引下线、连接线、避雷线及附属瓷瓶等。

（6）其他设备及安装工程中的交通设备。其他设备及安装工程中的交通设备指工程竣工后，为保证建设项目运用初期正常生产管理所必须配备的生产、生活、消防车辆的船只，按国家现行规定各类型工程所配设备数量和国产设备出厂价格再加上车船附加费、运杂费来计算其购置费用。

2. 设备与工器具和装置性材料的划分原则

（1）凡制造厂成套供货范围内的部件、备品、备件及设备体腔内定额充填物（如变压器油、水轮机、调速器、油压装置、液压启闭机中的透平油等），是设备的组成部分，均作为设备。其中水轮机、调速器、油压装置和液压启闭机中的透平油均未包括在设备价格内，编制概算时应单独立项计算设备费，也可将其费用计入该设备的设备费内，特别注意不要遗漏。变压器内的变压器油已包括在变压器的出厂价格内，不再计算设备费。

（2）成套供货、现场加工或零星购置的贮气罐、油罐、盘用仪表等均作为设备。

（3）管道和阀门，当构成设备本体部件时应作为设备，否则作为装置性材料。

（4）随设备供应的保护罩、网门，凡已计入设备价格的应视作设备，否则应作为装置性材料。

7.2.2 设备安装费概预算的编制

安装费包括完成单位安装工程量所需的直接工程费、间接费、计划利润和税金。

1. 直接工程费

安装直接工程费是指安装中所消耗的人工费、材料费、机械使用费、其他直接费、现场经费。

安装直接工程费中的人工费、材料费和机械使用费应根据现行概预算价格来计算。水利部水建管〔1999〕523号文发布了新的《水利水电设备安装工程概算定额》、《水利水电设备安装工程预算定额》，现和水利部水总〔2002〕116号文发布的《水利工程设计概（估）算编制规定》配套应用。水力发电工程可按1997年电力部颁发的《水力发电设备安装工程概算定额》、《水力发电工程施工机械台时费定额》等定额编制。其他直接费、现场经费、间接费应按相应配套的规定费率计算。

使用概预算定额时应注意的问题：

（1）定额中的人工费系按北京地区的有关标准计算的，编制概预算时，应按工程所在地区的人工工资及工资性津贴予以调整。

（2）安装过程中的材料可分为装置性材料和消耗性材料。

消耗性材料的价值包括在定额的材料费中，是指在安装过程中被逐渐消耗的材料，如氧气、电石、焊条等。

装置性材料分为主要装置性材料和次要装置性材料两大部分。凡在概预算定额中作为主要安装对象的材料，即为主要装置性材料，例如轨道、管路、电缆、母线等；其余的为次要装置性材料，例如轨道的垫板、螺栓、电缆的支架等。在预算定额中，主要装置性材料和次要装置性材料均作为未计价材料；在概算定额中，主要装置性材料作为未计价材料，而次要装置性材料已计入材料费。因此，在编制概预算时，对于定额中未计价材料，应根据设计提供的材料规格、数量和本工程材料的预算价格计算其费用。

在编制材料费时，有些装置性材料本身就是设备的一部分，应注意区分。区分时可参考上述原则。

2. 间接费、企业利润和税金

间接费按安装人工费的百分率计算。对于中央参与投送的地方大中型水利水电安装工程，间接费率按部颁规定。各省、市、自治区的中小型水利水电安装工程可参照地方有关规定执行。企业利润按直接工程费和间接费之和的百分率计算。税金按直接工程费、间接费和企业利润之和的百分率计算。

第3节 给水排水工程概算

给水排水工程概算可采用概算定额、概算指标，类似工程概（预）算三种方法进行编制，现以采用概算定额的方法为例说明编制方法和步骤。

（1）熟悉初步设计或扩大初步设计图纸及说明书、概算定额和各项费用文件等基础资料。

（2）根据平面图计算各种卫生器具，对照轴测投影图计算给水与排水管道和水嘴、地漏子等附属配件工程量。

（3）套用概算定额，编制概算表。编制概算表按下列顺序进行：

1）卫生器具安装，以组或套为单位计算。

2）给水管道安装，包括刷油保温在内，以延长米为单位计算。

3）排水管道安装，包括刷沥青在内，以延长米为单位计算。

4）附件配件安装，以个或组为单位进行计算。

5）其他零星工程按占上述四项合计的百分比计算。

6）统计直接费，计取其他直接费、现场经费、间接费、企业利润和税金、汇总单位工程概算价值及确定有关技术经济指标。

（4）编制概算说明书和整理概算书。

第4节　采暖、通风工程概算

采暖、通风工程概算的编制方法，与土建工程、给水排水工程概算的编制方法基本相同。

（1）熟悉初步设计文件、概算定额和取费标准等有关资料。

（2）根据初步设计或扩大初步设计图纸，计算散热器、管道、阀门和附属配件的工程量。计算散热器时，应以平面图为主，参照轴测投影图进行计算；导管和立支管道，均以延长米为单位进行计算；阀门及配件等，以个或组为单位进行计算。

（3）根据概算定额，编制概算表。编制概算表按下列顺序进行：

1）散热器的组成及其安装，包括刷银粉等在内，以平方米或片为单位进行计算。

2）采暖导管和立支管的安装，包括刷油、保温和金属支架等在内，以延长米为单位进行计算。

3）阀门及配件等安装，以个或组为单位进行计算。

4）零星工程和费用，按占上述三项合计的百分比进行计算。

5）统计直接费，计取其他直接费、现场经费、间接费、企业利润和税金，汇总单位工程概算价值和确定技术经济指标。

（4）编制说明书及整理概算书。

第5节　电气照明工程概算

电气照明工程概算的编制方法与土建工程一样，都可采用不同的编制方法。下面仅就采用概算定额编制概算的方法简单介绍。

（1）熟悉初步设计文件、概算定额、各项费用文件等基础资料。

（2）根据设计平面图和系统图计算工程量。计算工程量时，首先应从进户线横担算起至配电箱或开关箱，按配线方式计算线路，同时计算灯器具。

(3) 套用概算定额，编制概算表。

概算表的编制，一般按下列顺序进行：

1) 木横担安装，包括接地，以组为单位计算。

2) 配电箱或开关安装，包括装盘及其设备，以组为单位进行计算。

3) 线路，包括配管（铁管或塑管）在内，以延长米为单位进行计算。

4) 灯器具以套或个为单位进行计算。

5) 零星工程费，按上述四项合计的百分比计算。

6) 统计直接费，计取其他直接费、现场经费、间接费、企业利润和税金，汇总单位工程概算价值及确定有关技术经济指标。

(4) 编制概算说明书和整理概算书。

第8章　施工临时设施计价依据

第1节　工地现场临时房屋及仓储设施

8.1.1　材料及半成品堆放

当材料和半成品的堆放位置初步确定之后，则应根据材料储备确定所需面积，其计算方法如下。

1. 按材料储备天数计算存放面积为

$$F = \frac{QKN}{365Ma}$$

式中　F——仓库、棚、露天堆放所需面积；

Q——年度最大材料需要量；

K——不均衡系数，见表8.1；

N——材料储备天数，见表8.1；

M——每平方米储料定额，见表8.1；

a——储料面积有效利用系数，见表8.1；

365——全年日历天数。

表8.1　　按材料储备天数计算面积参考指标

材料名称	单位	N	K	M	a	仓库类型
水泥	t	40~50	1.2~1.4	2	0.65	仓库
螺栓	t	30	1.2~1.5	1.5~2.5	0.5~0.6	仓库
钢丝绳	t	30	1.5	1.2~1.3	0.5~0.6	仓库
油漆材料	t	30~40	1.2	0.6~0.8	0.6	仓库
电线	t	50	1.5	0.3~0.4	0.5~0.7	仓库
电气器材	t	40	1.5	0.3~0.6	0.4	仓库
石膏	t	30	1.6	2	0.6	仓库

续表

材料名称	单位	N	K	M	a	仓库类型
石棉	t	30	1.3	1.5~2	0.6	仓库
黑白铁皮	t	35	1.3~1.5	4	0.5~0.6	仓库
润滑油	t	30	1.2	0.6	0.6	半地下库
汽、柴油	t	30	1.2	0.6	0.6	半地下库
石灰	t	30~35	1.2~1.4	1.5	0.7	棚
耐火砖	t	60	1.5~2	2.2	0.6	棚
锯末、板条	m^3	30	1.2~1.4	0.6	0.6	棚
钢筋	t	60~70	1.2~1.4	0.6	0.6	棚
电缆	t	50	1.5	0.3~0.4	0.5~0.7	棚
玻璃	箱	50~55	1.2~1.4	25	0.6	棚
沥青	t	55~60	1.3~1.5	0.6~1	0.7	棚
卷材	t	50~60	1.5~1.7	30	0.7~0.3	棚
木门窗扇	m^2	30	1.2	15~20	0.6	棚
钢门窗	t	30~40	1.3~1.5	1~1.2	0.6	棚
卫生设备及附件	t	40	1.5	0.7	1.5	棚
砂	m^3	25~35	1.2~1.4	1.2	0.7	露天
石子	m^3	25~35	1.2~1.4	1.2	0.7	露天
块石	m^3	25~35	1.5~1.7	0.8	0.7	露天
砖	千块	25~30	1.4~1.8	0.8	0.6	露天
硅酸盐砌块	m^3	14	1.1	8	0.7	露天
瓦	千块	25~30	1.6~1.8	0.4	0.7	露天
木材	m^3	70~80	1.2~1.4	1.4	0.45	露天
原木	m^3	45	1.2~1.4	0.9~1.1	0.4	露天
枕木	m^3	30	1.2~1.4	1.5	0.7	露天
废木材	m^3	30	1.2~1.4	1.5	0.5~0.6	露天
型钢	t	60~70	1.3~1.5	2~2.4	0.4	露天
工字钢、槽钢	t	60~70	1.3~1.5	2~2.4	0.5~0.6	露天

续表

材料名称	单位	N	K	M	a	仓库类型
钢板	t	60~70	1.3~1.5	3~4	0.5~0.6	露天
钢轨	t	30	1.3	4	0.5~0.7	露天
金属管材	t	35	1.8~2	0.6~1.2	0.4	露天
小钢管	t	35	1.3~1.5	1.5~1.7	0.5~0.6	露天
水泥管陶瓦管	t	30	1.3~1.5	0.6	0.6	露天
暖气片	t	50	1.5	0.8~1	0.5~0.6	露天
预制钢筋混凝土板	m^3	30~60	1.2~1.3	0.3~0.4	0.4	露天
预制钢筋混凝土柱、梁	m^3	30~60	1.3	0.3~0.6	0.4	露天
土屋架	m^3	30	1.2	0.6	0.6	露天
木模板	m^3	15~20	1.4	0.8~1.2	0.5~0.7	露天
粗木制品	m^3	20	1.2~1.3	0.6~0.8	0.6	露天
钢筋构件	t	10~20	1.2~1.3	0.1~0.3	0.6	露天
金属构件	t	30~40	1.2~1.4	0.2~0.4	0.6	露天
混凝土轨枕	根	20~30	1.2~1.3	10	0.7	露天
石棉水泥瓦	张	20~30	1.2~1.3	50	0.5	露天
煤	t	60~90	1.2~1.5	1.5~2	0.7	露天
泡沫混凝土构件	m^3	45		1~1.5	0.6~0.7	棚

（1）材料储备量 M 计算如下：

$$M = \frac{Q}{T}NK$$

式中 Q——计划期内需用的材料数量；

T——需用该项材料的时间；

N——储备天数；

K——材料消耗量不均衡系数＝日最大消耗量÷平均消耗量。

（2）仓库面积 F 计算如下：

$$F = \frac{Q}{M}$$

式中　Q——材料储备量；

M——每立方米面积上存放材料数量。

2. 预制构件堆存场地面积

钢筋及钢筋混凝土预制构件堆存参数见表8.2。

表8.2　钢筋及钢筋混凝土预制件堆存面积参考指标

构件名称	堆置高度	通道系数	堆置定额
梁类钢筋骨架	3	1.5	$0.05t/m^2$
板类钢筋骨架	3	1.9	$0.04t/m^2$
屋面板构件	5	1.6	$0.23m^3/m^2$
空心板构件	6	1.6	$0.40m^3/m^2$
槽形板构件	5~6	1.5	$0.5 \sim 0.6m^3/m^2$
大型梁类构件	1~3	1.5	$0.28m^3/m^2$
小型梁类构件	6	1.5	$0.8m^3/m^2$
其他构件	5	1.5	$0.8m^3/m^2$

注　1. 钢筋骨架半成品储存量一般为5~7天；

2. 钢筋混凝土成品储存量一般为30天。

3. 按系数计算仓库面积

按系数计算仓库面积参考指标见表8.3。

表8.3　按系数计算仓库面积参考指标

仓库类型	计算基数（n）	单位	系数（ϕ）
综合仓库	按年平均全员人数（工地）	m^2/人	0.7~0.8
水泥库	按当年水泥用量的40%~50%	m^2/t	0.7
其他仓库	按当年工作量	m^2/万元	2~3
五金杂品库	按年建筑安装工作量计算	m^2/万元	0.2~0.3
五金杂品库	按年平均在建建筑面积计算	$m^2/100m^2$	0.5~1
土建工具库	按高峰年（季）平均全员人数	m^2/人	0.1~0.2
水暖器材库	按年平均在建建筑面积	$m^2/100m^2$	0.2~0.4
电气器材库	按年平均在建建筑面积	$m^2/100m^2$	0.3~0.5

8.1.2 生产性临时设施

生产性临时设施的相关参考指标见表8.4～表8.6。

表8.4 临时加工厂所需面积参考指标

序号	加工厂名称	年产量数量	单位产量所需建筑面积	占地总面积(m^2)	备注
1	混凝土搅拌站	$3200m^3$ $4800m^3$ $6400m^3$	0.022(m^2/m^3) 0.021(m^2/m^3) 0.020(m^2/m^3)	按砂石堆考虑	$0.4m^3$ 搅拌机2台； $0.4m^3$ 搅拌机3台； $0.4m^3$ 搅拌机4台
2	临时性混凝土预制厂	$1000m^3$ $2000m^3$ $3000m^3$ $5000m^3$	0.25(m^2/m^3) 0.20(m^2/m^3) 0.15(m^2/m^3) 0.125(m^2/m^3)	2000 3000 4000 小于6000	生产屋面材和中小型梁柱板等配有蒸养设施
3	永久性混凝土预制厂	$3000m^3$ $5000m^3$ $10000m^3$	0.6(m^2/m^3) 0.4(m^2/m^3) 0.3(m^2/m^3)	9000～12000 12000～15000 15000～20000	
4	木材加工厂	$15000m^3$ $24000m^3$ $30000m^3$	0.0244(m^2/m^3) 0.0199(m^2/m^3) 0.0181(m^2/m^3)	1800～3600 2200～4800 3000～5500	进行原木、大方加工
	综合木工加工厂	$200m^3$ $500m^3$ $1000m^3$ $2000m^3$	0.30(m^2/m^3) 0.25(m^2/m^3) 0.20(m^2/m^3) 0.15(m^2/m^3)	100 200 300 420	加工门、窗、模板、地板、屋架等
	粗木加工厂	$5000m^3$ $10000m^3$ $15000m^3$ $20000m^3$	0.012(m^2/m^3) 0.10(m^2/m^3) 0.09(m^2/m^3) 0.08(m^2/m^3)	1350 2500 3750 4800	
	细木加工厂	5(万m^2) 10(万m^2) 15(万m^2)	0.0140(m^2/万m^2) 0.0114(m^2/万m^2) 0.0106(m^2/万m^2)	7000 10000 14300	

续表

序号	加工厂名称	年产量 数量	单位产量所需建筑面积	占地总面积（m^2）	备注
5	钢筋加工厂	200t	0.35（m^2/t）	280～560	
		500t	0.25（m^2/t）	380～750	
		1000t	0.20（m^2/t）	400～800	
		2000t	0.15（m^2/t）	450～900	
	现场钢筋调直或冷拉	所需场地（长×宽）			包括材料及成品堆放，3～5t电动卷扬机一台
	拉直场	70～80×3～4（m×m）			
	卷扬机棚	15～20（m^2）			
	冷拉场	40～60×3～4（m×m）			
	时效场	30～40×6～8（m×m）			
	钢筋对焊	所需场地（长×宽）			包括材料成品堆放，寒冷地区适当增加
	对焊场地	30～40×4～5（m×m）			
	对焊棚	15～24（m^2）			
	钢筋冷加工	所需场地（长×宽）			
	冷拔、冷轧机	40～50（m^2）			
	剪断机	30～40（m^2）			
	弯曲机 ϕ12 以下	50～60（m^2）			
	弯曲机 ϕ40 以下	60～70（m^2）			
6	金属结构加工（包括一般铁件）	所需场地（m^2/t） 年产 500t 为 10 年产 1000t 为 8 年产 2000t 为 6 年产 3000t 为 5			按一批加工数量计算
7	石灰消化 贮灰池 淋灰池 淋灰池	 5×3=15（m^2） 4×3=12（m^2） 3×2=6（m^2）			
8	沥青锅场地	20～24（m^2）			台班产量 1～1.5t/台

表 8.5　　现场作业棚所需面积参考指标

名　称	单　位	面积（m^2）	备　注
木工作业棚	m^2/人	2	占地为建筑面积的 2～3 倍； 34～36in 圆锯 1 台； 小圆锯 1 台； 占地为建筑面积的 3～4 倍
电锯房	m^2	80	
电锯房	m^2	40	
钢筋作业棚	m^2/人	3	
搅拌棚	m^2/台	10～18	
卷扬机棚	m^2/台	6～12	
烘炉房	m^2	30～40	
焊工房	m^2	20～40	
电工房	m^2	15	
白铁工房	m^2	20	
油漆工房	m^2	20	
机、钳工修理房	m^2	20	
立式锅炉房	m^3/台	5～10	
发电机房	m^2/kW	0.2～0.3	
水泵房	m^2/台	3～8	
空压机房（移动式）	m^2/台	18～30	
空压机房（固定式）	m^2/台	9～15	

表 8.6　　现场机运站、机修间、停放场所需面积参考指标

序号	施工机械名称	所需场地（m^2）	存放方式	检修间所需建筑面积	
				内容	数量（m^2）
	一、起重、土方机械类				
1	塔式起重机	200～300	露天	10～20 台设 1 个检修台位（每增加 20 台增设 1 个检修台位）	200（增 150）
2	履带式起重机	100～125	露天		
3	履带式正铲或反铲、拖拉式铲运机、轮胎式起重机	75～100	露天		
4	推土机、拖拉机、压路机	25～35	露天		
5	汽车式起重机	20～30	露天或室内		

续表

序号	施工机械名称	所需场地（m^2）	存放方式	检修间所需建筑面积	
				内容	数量(m^2)
	二、运输机械类			每20台设1个检修台位（每增加1个检修台位）	170（增160）
6	汽车（室内）	20~30	一般情况下室内不小于10%		
	（室外）	40~60			
7	平板拖车	100~150			
	三、其他机械类			每50台设1个检修台位（每增加1个检修台位）	50（增50）
8	搅拌机、卷扬机、电焊机、电动机、水泵、空压机、油泵、少先吊等	4~6	一般情况下室内占30%，露天占70%		

注 1. 露天或室内视气候条件而定，寒冷地区应适当增加室内存放。
2. 所需场地包括道路、通道和回转场地。

8.1.3 办公及生活福利临时建筑

临时性办公、生活福利建筑面积设计参考指标见表8.7。

表8.7 临时性办公、生活福利建筑参考指标

临时房屋名称	指标使用方法	参考指标（m^2/人）	备注
办公室	按干部人数	3~4	1. 本表根据全国收集到的有代表性的企业、地区的资料综合；2. 工区以上设置的会议室已包括在办公室指标内；3. 家属宿舍应以施工期长短和离基地情况而
宿舍	按高峰年（季）平均职工人数（扣除不在工地住宿人数）	2.5~3.5	
单层通铺		2.5~3	
双层床		2.0~2.5	
单层床		3.5~4	
家属宿舍		16~25m^2/户	
食堂	按高峰年平均职工人数	0.5~0.8	
食堂兼礼堂	按高峰年平均职工人数	0.6~0.9	
其他合计	按高峰年平均职工人数	0.5~0.6	
医务室	按高峰年平均职工人数	0.05~0.07	
浴室	按高峰年平均职工人数	0.07~0.1	
理发	按高峰年平均职工人数	0.01~0.03	

续表

临时房屋名称	指标使用方法	参考指标（m^2/人）	备　注
浴室兼理发	按高峰年平均职工人数	0.08～0.1	定，一般按高峰年职工平均人数的 10% ～30% 考虑； 4. 食堂包括厨房、库房，应考虑在工地就餐人数和几次进餐
俱乐部	按高峰年平均职工人数	0.1	
小卖店	按高峰年平均职工人数	0.03	
招待所	按高峰年平均职工人数	0.06	
托儿所	按高峰年平均职工人数	0.03～0.06	
子弟小学	按高峰年平均职工人数	0.06～0.08	
其他公用	按高峰年平均职工人数	0.05～0.10	
现场小型设施			
开水房	按高峰年平均职工人数	10～40	
厕所	按高峰年平均职工人数	0.02～0.07	
工人休息室	按高峰年平均职工人数	0.15	

8.1.4　临时房屋结构类型

临时房屋结构类型及尺寸见表8.8、表8.9。

表8.8　　帐篷主要尺寸

形式	尺寸（m）			
	长	宽	檐高	中高
架式	5.7	3.8	1.8	3.25
	5.0	4.6		
	6.0	4.8		
	8.0	4.8		
	10.0	4.8		
支杆式Ⅰ型	6.0	4.8	1.8	3.25
	8.0	4.8		
	10.0	4.8		
	12.0	5.0		
支杆式Ⅱ型	6.0	5.0	1.3	2.8
	8.0	5.5		3.1
	10.0	5.5		3.1
	12.0	6.0		3.2

形式	尺寸（m）			
	长	宽	檐高	中高
马尾式	6.0	4.8	1.8	3.25
	8.0	4.8		3.25
	10.0	4.8		3.25
	12.0	5.0		3.30
方　形	4.0	4.0	1.8	3.00
	4.6	4.6		3.2
	5.0	5.0		3.3
六角形	4.0		1.8	3.0
	4.6			3.2
	5.0			3.3

续表

形式	尺寸（m）			
	长	宽	檐高	中高
分节式	8.0	4.6	1.8	3.25
	10.0	4.6		3.25
	12.0	4.6		3.25
	14.0	6.0		3.40

形式	尺寸（m）			
	长	宽	檐高	中高
八角形	4.0		1.8	3.0
	4.6			3.2
	5.0			3.3
圆　形	4.0		1.8	3.0
	4.6			3.2
	5.0			3.3

表 8.9　　常用固定式定型房屋尺寸

房屋用途	跨度（m）	开间（m）	檐高（m）	布置说明
办公室	4~5	3~4	2.5~3.0	窗户面积约为地面的1/8；床板距地0.4~0.5m，过道1.2~1.5m；舞台进深约10m，须设足够的出入口
宿舍	5~6	3~4	2.5~3.0	
工作间、机械房、材料库	6~8	3~4	按具体情况定	
食堂兼礼堂	10~15	4	4.0~4.5	
工作棚、停机棚	8~10	4	按具体情况定	
工地卫生所	4~6	3~4	2.5~3.0	

注　1. 短期使用的宿舍可用单层或双层通铺，上下铺间净空应有1.0m。

2. 食堂兼礼堂应与厨房、售票、图书、广播室一起布置。

8.1.5　临时房屋常用材料

临时房屋常用材料规格尺寸见表8.10~表8.12。

表 8.10　　常用屋面材料、坡度及构造

序号	屋面材料	坡度(°)	高跨比 H/l	屋面基层构造
1	草	30~45	1/3.5~1/2	草—横条—椽条—檩条
2	苇席	30~45	1/3.5~1/2	苇席—椽条—檩条
3	小青瓦	27~45	1/4~1/2	小青瓦—椽条—檩条
4	瓦楞铁或石棉瓦	22~30	1/5~1/3.5	瓦楞铁或石棉瓦—椽条—檩条
5	油毡	18~30	1/6~1/3.5	压条—油毡—竹席—椽条—檩条
6	柴泥	14~27	1/8~1/4	灰泥面层—柴泥—编纹席—密扎小树条或竹条—檩条

表 8.11　　　　常用檩条断面尺寸　　　　单位：mm

檩条材料		原木（梢径）			方木（宽×高）			竹（梢径/粗端径）		
屋面荷载（N/m^2）		500	750	1000	500	750	1000	500	750	1000
屋架间距	3.30	80	90	100	60×100	60×120	80×120	89/123	96/135	123/144
	3.60	90	100	110	60×120	60×120	80×120	94/131	123/145	110/155
	4.00	100	110	115	60×120	80×120	80×140	101/143	112/158	120/170

注　挠度不大于1/200。

表 8.12　　　　临时房屋门窗规格　　　　单位：cm

宽×高	组成	适宜用处	宽×高	组成	适宜用处
门			窗		
100×200	单扇	办公室	80×60	双扇	集体宿舍
120×200	双扇	集体宿舍	80×100	双扇	集体宿舍
150×200	双扇	集体宿舍、食堂	100×120	双扇	办公室、食堂兼礼堂
180×240	双扇及上亮	食堂兼礼堂	150×180	双扇及上亮	食堂兼礼堂

注　机房、库房门宜用双扇；宿舍、食堂兼礼堂的门应向外开。

第2节　施工供水

施工临时供水分为施工工程用水、生活用水及消防用水

8.2.1　施工工程用水量

（1）施工生产用水量用下式计算：

$$q_1 = K_1 \Sigma \frac{Q_1 N_1}{T_1 t} \times \frac{K_2}{8 \times 3600}$$

式中　q_1——施工用水量，L/s；

K_1——未预计施工用水系数，1.05～1.15；

Q_1——年（季）度工程量，以实物计量单位表示；

N_1——施工用水定额，见表8.13；

T_1——年（季）度有效作业天；

t——每天工作班数；

K_2——用水不均衡系数，见表 8.14。

表 8.13　施工生产用水参考定额

用水对象	单位	耗水量	备注
浇注混凝土全部用水	L/m³	1700～2400	
搅拌普通混凝土	L/m³	250	
搅拌轻质混凝土	L/m³	300～350	
搅拌泡沫混凝土	L/m³	300～400	
搅拌热混凝土	L/m³	300～350	
混凝土养护（自然养护）	L/m³	200～400	
混凝土养护（蒸汽养护）	L/m³	500～700	
冲洗模板	L/m³	5	
搅拌机清洗	L/台班	600	
人工冲洗石子	L/m³	1000	
机械冲洗石子	L/m³	600	
洗砂	L/m³	1000	当含泥量大于2%时
砌砖工程全部用水	L/m³	150～250	
砌石工程全部用水	L/m³	50～80	
抹灰工程全部用水	L/m³	30	
耐火砖砌体工程	L/m³	100～150	包括砂浆搅拌
浇砖	L/千块	200～250	
浇硅酸盐砌块	L/m³	300～350	
抹面	L/m³	4～6	不包括调制用水
楼地面	L/m³	190	主要是找平层
搅拌砂浆	L/m³	300	
石灰消化	L/t	3000	
上水管道工程	L/m	98	
下水管道工程	L/m	1130	
工业管道工程	L/m	35	

表 8.14　　　　用水不均衡系数

符 号	用 水 名 称	系 数
K_2	施工工程用水 生产企业	1.5 1.25
K_3	施工机械运输机具 动力设备	2.0 1.05~1.10
K_4	施工现场生活用水	1.3~1.5
K_5	居民区生活用水	2.0~2.5

（2）施工机械用水量用下式计算：

$$q_2 = K_1 \sum Q_2 N_2 \frac{K_3}{8 \times 3600}$$

式中　q_2——机械用水量，L/s；

K_1——未预计的用水系数，1.05~1.15；

Q_2——同一种机械台班数；

N_2——机械台班用水定额，见表 8.15；

K_3——施工机械用水不均衡系数，见表 8.14。

表 8.15　　　　施工机械用水量参考定额

用水机械名称	单　位	耗水量（L）	备　注
内燃挖土机	m^3·台班	200~300	以斗容量 m^3 计
内燃起重机	t·台班	15~18	以起重机吨数计
蒸汽起重机	t·台班	300~400	以起重机吨数计
蒸汽打桩机	t·台班	1000~1200	以锤重吨数计
内燃压路机	t·台班	12~15	以压路机吨数计
蒸汽压路机	t·台班	100~150	以压路机吨数计
拖拉机	台·昼夜	200~300	以空压机单位容量计
汽车	台·昼夜	400~700	以小时蒸发量计
标准轨蒸汽机车	台·昼夜	10000~20000	以烘炉数计
空压机	（m^3/min）·台班	40~80	以空压机单位容量计

续表

用水机械名称	单　位	耗水量（L）	备　注
内燃机动力装置（直流水）	马力·台班	120~300	
内燃机动力装置（循环水）	马力·台班	25~40	
锅炉	t·h	1050	以小时蒸发量计
点焊机 25 型	台·h	100	
点焊机 50 型	台·h	150~200	
点焊机 75 型	台·h	250~300	
对焊机	台·h	300	
冷拔机	台·h	300	
凿岩机 10-30/01-38 型	台·min	3~8	
凿岩机 YQ-100 型	台·min	8~12	
木工场	台班	20~25	
锻工房	炉·台班	40~50	以烘炉数计

8.2.2　施工生活用水量

（1）施工现场生活用水量计算：

$$q_3 = \frac{P_1 N_3 K_4}{t \times 8 \times 3600}$$

式中　q_3——施工现场生活用水量，L/s；

P_1——施工现场高峰昼夜人数；

N_3——施工现场生活用水定额 20L/人班；

K_4——现场生活用水不均衡系数，见表 8.14；

t——每天工作班数。

（2）生活区生活用水量计算：

$$q_4 = \frac{P_2 N_4 K_s}{24 \times 3600}$$

式中　q_4——生活区生活用水量，L/s；

P_2——生活区居民人数；

N_4——生活区生活用水定额，见表 8.16；

K_s——生活区用水不均衡系数，见表 8.14。

表 8.16　　现场生活用水量参考定额表

用水对象	单位	耗水量
生活用水（盥洗、饮用）	L/(人·日)	20~40
食堂	L/(人·次)	10~20
浴室（淋浴）	L/(人·次)	40~60
淋浴带大池	L/(人·次)	50~60
洗衣房	L/(kg干衣)	40~60
理发室	L/(人·次)	10~25
学校	L/(学生·日)	10~30
幼儿园、托儿所	L/(儿童·日)	75~100
病院	L/(病床·日)	100~150

8.2.3　现场消防用水量

现场消防用水量 q_5 见表 8.17。

表 8.17　　现场消防用水量参考定额

用水名称	火灾同时发生次数	单位	用水量
居民区消防用水			
5000 人以内	一次	L/s	10
10000 人以内	二次	L/s	10~15
25000 人以内	二次	L/s	15~20
施工现场消防用水			
施工现场在 $25hm^2$ 内	一次	L/s	10~15
每增加 $25hm^2$	一次	L/s	5

8.2.4　施工总用水量的计算

（1）当 $q_1+q_2+q_3 \leqslant q_5$ 时：　$Q=q_5+\frac{1}{2}(q_1+q_2+q_3+q_4)$

（2）当 $q_1+q_2+q_3+q>q_5$ 时：　$Q=q_1+q_2+q_3+q_4$

（3）当工地面积小于 $5hm^2$(公顷)，而且 $q_1+q_2+q_3+q_4>q_5$ 时，$Q=q_5$

8.2.5 临时供水管径选择

公式：

$$D = \sqrt{\frac{4\pi Q \cdot 1000}{V}}(\mathrm{mm})$$

式中 D——配水管直径，m；

Q——耗水量，L/s；

V——管网内水的流速，m/s，见表 8.18；

π——圆周率。

临时水管经济流速及管径选择见表 8.18 ~ 表 8.26。

表 8.18　　临时水管经济流速参考表

管　径（m）	流　速（m/s）	
	正常时间	消防时间
$D<0.1$	0.5 ~ 1.2	—
$D=0.1 \sim 0.3$	1.0 ~ 1.6	2.5 ~ 3.0
$D>0.3$	1.5 ~ 2.5	2.5 ~ 3.0

第3节　施 工 供 电

8.3.1 需用功率及供电设备容量选择

施工需用功率根据下式计算。

$$S = 1.10\frac{K_c \sum P_{机}}{\eta \cdot \cos\rho} + \sum K_c P_z \quad (\mathrm{kVA})$$

式中 S——施工用电总容量，kVA；

$\sum P_{机}$——各台电动机额定容量的总和，kW；

K_c——容量利用系数，一般动力取 0.5，照明取 0.8 左右；

η——各台电动机平均效率，一般采用 0.86；

$\cos\rho$——各台电动机平均功率因数，一般在 0.75 ~ 0.93 之间；

P_z——照明用电量，kW，一般：大坝施工 0.5 ~ 1.5W/m^2，交通道路 3kW/km，室内 5W/m^2。

选择供电设备的容量：一般为（1.5 ~ 2）S。

8.3.2 施工机械用电

施工机械用电参考定额见表8.19。

表8.19 施工机械用电参考定额 单位：kW

机械名称	型　号	功率
蛙式夯土机	HW－20	1.5
	HW－60	2.8
振动夯土机	HZ－380A	4
螺旋钻孔机	LZ型长螺旋钻	30
	BZ－1短螺旋钻	40
	ZK2250	22
螺旋式钻、扩孔机	ZK120－1	13
冲击式钻机	YKC－20C	20
	YKC－22M	20
	YKC－30M	40
塔式起重机	红旗Ⅱ－16（整体拖运）	19.5
	QT40（TQ2－6）	48
	TQ60/80	55.5
	TQ90（自升式）	58
	QT100（自升式）	63.37
卷扬机	JJK0.5	3
	JJK－0.5B	2.8
	JJK－1A	7
	JJK－5	40
	JJZ－1	7.5
	JJ2K－1	7
	JJ2K－3	28
	JJ2K－5	40
钢筋弯曲机	GJ7－45（WJ40－1）	2.8
	四头弯筋机	3
交流电焊机	BX_3－120－1	9
	BX_3－300－2	23.4

续表

机械名称	型　号	功率
交流电焊机	BX_3 -500-2	38.6
	BX_2 -1000（BC-1000）	76
直流电焊机	AX_1 -165（AB-165）	6
	AX_4 -300-1（AG-300）	10
	AX-320（AT-320）	14
	AX_5 -500	26
	AX_5 -500（AG-500）	26
自落式混凝土搅拌机	J_1 -250（移动式）	5.5
	J_2 -250（移动式）	5.5
	J_1 -400（移动式）	7.5
	J-400A（移动式）	7.5
	J_1 -800（固定式）	17
强制式混凝土搅拌机	$J_4$0-375（移动式）	10
	J_4 -1500（固定式）	55
混凝土搅拌站、楼	HZ-15	38.5
混凝土输送泵	HB-15	32.2
混凝土喷射机（回转式）	HPH6	7.5
混凝土喷射机（罐式）	HPG4	3
插入式振动器	HZ_6X-30（行星式）	1.1
	HZ_6X-35（行星式）	1.1
	HZ_6X-50（行星式）	1.1~1.5
	HZ_6X-60（行星式）	1.1
	HZ_6P-70（行星式）（偏心块式）	2.2
平板式振动器	PZ-50	0.5
	N-7	0.4
附着式振动器	HZ_2 -4	0.5
	HZ_2 -5	1.1
	HZ_2 -7	1.5
	HZ_2 -10	1.0
	HZ_2 -20	2.2

续表

机械名称	型　号	功率
混凝土振动台	$\mathrm{HZ}_9-1\times2$	7.5
	$\mathrm{HZ}_9-1.5\times6$	30
	$\mathrm{HZ}_9-2.4\times6.2$	55
钢筋调直机	GJ4－14/4（TQ4－14）	2×4.5
	GJ6－8/4（TQ4－8）	5.5
	北京人民机器厂	5.5
	数控钢筋调直切断机	2×2.2
钢筋切断机	GJ_5-40（QJ40）	7
	QJ_5-40-1（QJ40－1）	5.5
	$\mathrm{GJ}_5\mathrm{Y}-32$（Q32－1）	3
泥浆泵	红星－30	30
泥浆泵	红星－75	60
液压控制台	YKT－36	7.5
自动控制自动调平液压控制台	YZKT－56	11
静电角探车	ZTYY－2	10
混凝土沥青切割机	BC－D1	5.5
小型砌块成型机	G－1	6.7
载货电梯	JH5	7.5
建筑施工外用电梯	上海76－Ⅱ（单）	11
木工电刨	MIB2－80/1	0.7
木压刨板机	MB1043	3
木工圆锯	MJ104	3
木工圆锯	MJ106	5.5
木工圆锯	MJ114	3
脚踏截锯机	MJ217	7
单面木工压刨床	MB103	3
单面木工压刨床	MB10.3A	4
单面木工压刨床	MB106	7.5
单面木工压刨床	MB104A	4
双面木工刨床	MB206A	4

续表

机械名称	型　号	功率
木工平刨床	MB503A	3
木工平刨床	MB504A	3
普通木工车床	MCD616B	3
单头直榫开榫机	MX2112	9.8
灰浆搅拌机	UJ325	3
灰浆搅拌机	UJ100	2.2
单面木工压刨床	MB106	7.5
单面木工压刨床	MB104A	4
双面木工刨床	MB206A	4
木工平刨床	MB503A	3
木工平刨床	MB504A	3
普通木工车床	MCD616B	3
单头直榫开榫机	MX2112	9.8
灰浆搅拌机	UJ325	3
灰浆搅拌机	UJ100	2.2

8.3.3　施工现场照明用电

室内外照明用电见表8.20、表8.21。

表8.20　　室内照明用电参考定额　　单位：W/m^2

用电定额	容量	用电定额	容量
混凝土及灰浆搅拌站	5	锅炉房	3
钢筋室外加工	10	仓库及棚仓库	2
钢筋室内加工	8	办公楼、试验室	6
木材加工锯木及细木作业	5~7	浴室、盥洗室、厕所	3
木材加工模板	8	理发室	10
混凝土预制构件厂	6	宿舍	3
金属结构及机电修配	12	食堂或俱乐部	5
空气压缩机及泵房	7	诊疗所	6
卫生技术管道加工厂	8	托儿所	9
设备安装加工厂	8	招待所	5
发电站及变电所	10	学校	6
汽车库或机车库	5	其他文化福利	3

表 8.21 室外照明参考用电量 单位：W/m²

用电名称	容量	用电名称	容量
人工挖土工程	0.8	卸车场	1
机械挖土工程	1	设备堆放、砂石、木材、钢筋、半成品堆放	0.8
混凝土浇灌工程	1	车辆行人主要干道	2000W/km
砖石工程	1.2	车辆行人非主要干道	1000W/km
打桩工程	0.6	夜间运料（夜间不运料）	0.8（0.5）
安装及铆焊工程	2	警卫照明	1000W/km

8.3.4 配电导线截面选择

配电导线截面选择必须满足三个基本要求：机械强度、安全电流、容许电压降。

（1）机械强度，见表 8.22。

表 8.22 导线按机械强度所允许的最小截面 单位：mm²

导线用途		导线最小截面	
		铜线	铝线
照明装置用导线	户内用	0.5	2.5①
	户外用	1.0	2.5
双芯软电线	用于吊灯	0.35	—
	用于移动式生产用电设备	0.5	—
多芯软电线及软电线	用于移动式生产用电设备	1.0	—
绝缘导线（用于固定架设在户内绝缘支持件上）	间距 2m 及以下	1.0	2.5①
	间距 6m 及以下	2.5	4
	间距 25m 及以下	4	10
裸导线	户内用	2.5	4
	户外用	6	16
绝缘导线	穿在管内	1.0	2.5①
	木槽板内	1.0	2.5①
绝缘导线	户外沿墙敷设	2.5	4
	户外其他方式	4	10

① 根据市场供应情况，可采用小于 2.5mm² 的铝芯导线。

(2) 安全电流。根据下式计算安全电流值，查表8.23、表8.24得导线截面：

$$I = \frac{P_{机}}{3V\eta\cos\varphi}(A)$$

式中 $P_{机}$——电动机铭牌上的额定功率，kW；

V——定额电压，V；

η——效率（电动机输出功率与输入功率的比值），$\eta = \frac{P_{机}}{P_{电}}$；

$\cos\varphi$——功率因数，现场施工电网可取0.7～0.75。

1kV以下铜芯导线连续负荷表见表8.23。

表8.23 1kV以下铜芯导线连续允许负荷表 单位：A

导线标称截面（mm^2）	橡皮或聚氯乙烯绝缘导线明敷在绝缘支架上	橡皮或聚氯乙烯绝缘导线敷设在一根支管内					橡皮或聚氯乙烯绝缘的铠装及外包铝皮电力电缆明敷设			裸铜线
		单芯导线管中根数			一根双芯	一根三芯	单芯	双芯	三芯	
		2	3	4						
1	15	14	13	12	13	11	22	18	16	—
1.5	20	17	15	14	16	13	27	22	20	—
2.5	27	24	22	20	22	19	36	29	27	—
4	36	34	31	27	28	24	48	38	35	—
6	46	41	47	34	36	31	61	48	44	—
10	68	57	53	47	49	45	85	74	63	—
16	92	77	70	63	69	58	111	98	62	130
25	123	100	91	82	90	76	145	127	106	180
35	152	121	111	100	109	92	177	153	129	220
50	192	165	151	135	142	119	221	186	158	270
70	242	201	184	166	173	154	267	227	191	340
95	292	245	223	200	216	186	326	276	236	415
120	342	280	255	230	262	221	376	325	276	485
150	392	319	302	—	—	—	425	374	319	570
185	450	—	—	—	—	—	481	431	370	625
240	532	—	—	—	—	—	557	—	—	770

1kV 以下铝芯导线连续允许负荷表见表 8.24。

表 8.24　　1kV 以下铝芯导线连续允许负荷表　　单位：A

导线标称截面（mm^2）	橡皮或聚氯乙烯绝缘导线明敷在绝缘支架上	橡皮或聚氯乙烯绝缘导线敷设在一根支管内					橡皮或聚氯乙烯绝缘的铠装及外包铝皮电力电缆明敷设			裸铜线
		单芯导线管中根数			一根双芯	一根三芯	单芯	双芯	三芯	
		2	3	4						
2.5	21	19	19	17	17	13	21	19	17	—
4	28	27	24	21	19	19	28	27	24	—
6	36	32	29	27	27	25	36	32	29	—
10	53	47	43	35	38	35	53	47	43	—
16	70	58	55	50	54	46	70	58	55	105
25	97	78	70	62	69	58	97	78	70	135
35	117	94	86	77	85	69	117	94	86	170
50	148	129	117	104	108	93	148	129	117	215
70	187	156	144	127	134	120	137	156	144	265
95	226	189	172	154	155	146	226	189	172	325
120	265	230	209	177	200	170	265	230	209	375
150	304	254	231	—	—	—	304	254	231	440
185	351	292	265	—	—	—	351	292	265	500
240	417	—	—	—	—	—	417	—	—	—

（3）容许电压降。

根据下式计算导线截面：

$$S = \frac{P_{电} \cdot L}{C \cdot \varepsilon}(mm^2)$$

式中　$P_{电}$——电流输入功率，kW，$P_{电} = \frac{P_{机}}{\eta}$；

L——送电线路的距离，m；

ε——容许的电压降为 5%；

C——系数，见表 8.25。

表 8.25　按容许电压降计算导线截面系数 C 值

线路定额电压（V）380/220	线路系统及电流种类三相四线	系数 C 值	
		铜线	铝线
220		12.8	7.75
110		3.2	1.9
36		0.34	0.21
24		0.153	0.092
12		0.038	0.023

（4）导线截面估算。可用查表方法直接估算导线截面（见表 8.26、表 8.27）。

表 8.26　裸导线截面与功率关系表

截面（mm^2）	电压（V）								
	220			380			10000		
	功率（kW）								
	铜	铝	钢	铜	铝	钢	铜	铝	钢
4	7.7	—	—	23.0	—	—			
6	10.8	—	2.6	32.2	—	7.8			
10	14.6	—	3.2	43.8	—	9.6			
16	20.0	16.2	4.2	59.5	48.2	12.8			
25	27.7	20.8	4.9	82.5	62.0	14.7			
35	33.9	26.2	11.8	101	78.0	35.4			
50	41.6	33.0	16	124	99	41.8	3270	2600	1100
60	48.6	—	—	147	—	—	3820	—	—
70	52.4	40.8	19.1	156	122	58	4120	3200	1500
95	64	50	21.8	190	150	66.3	5050	3550	1720
120	74.5	58.0	27.1	222	173	82.5	5850	4550	2130
150	83.0	67.5	—	260	203	—	6900	5330	—
185	98.5	77.0	—	296	230	—	7800	6050	—
240	120	—	—	364	—	—	9300	—	—

注　功率因数 $\cos\varphi$ 按 0.7 计，周围空气温度为 +25℃，导线极限温度为 +70℃。

表 8.27 绝缘导线截面与功率关系表

截面 (mm²)	电压(V) 220		380		10000	
	功率(kW)					
	铜芯	铝芯	铜芯	铝芯	铜芯	铝芯
2.5	4.2	3.2	12.4	9.7		
4	5.5	4.3	16.5	12.9		
6	7.1	5.5	22.1	16.5		
10	10.5	8.2	31.3	24.3		
16	14.1	10.8	42.3	32.2		
25	19.0	14.9	56.5	44.5		
35	23.4	18	70	54.0		
50	29.6	22.8	88.5	68.0	2320	1790
70	27.4	28.8	111	86.0	2930	2730
95	45.0	34.8	134	104	2530	2730
120	52.5	41.0	157	122	4140	3210
150	60.5	47.0	180	140	4740	3680
185	69.5	54.0	207	162	5450	4250
240	82.0	64.0	244	192	6440	5050

注 功率因数 $\cos\varphi$ 按 0.7 计。

目前已能生产小于 2.5mm² 的 BBLX、BLV 型铝芯绝缘电线，因此可以根据具体情况，采用小于 2.5mm² 铝芯截面。

常用绝缘导线的型号、名称及主要用途见表 8.28。

表 8.28 常用绝缘导线的型号、名称及主要用途

型号	名称	主要用途
BV	铜芯塑料线	固定敷设用
BVR	铜芯塑料软线	要求用比较柔软的电线时固定敷设用
BX	铜芯橡皮线	供干燥及潮湿的场所固定敷设用，额定交流电压 500V
BXR	铜芯橡皮软线	供干燥及潮湿场所连接电气设备的移动部分用，额定交流电压 500V
BLV	铝芯塑料线	同 BV 型电线
BLVR	铝芯塑料软线	同 BVR 型电线
BLX	铝芯橡皮线	与 BX 型电线相同
BXS	棉纱编织双绞软线	供干燥场所敷设在绝缘子上用，额定交流电压为 250V
RH	普通橡套软线	供室内照明和日用电器接线用，额定交流电压为 250V

第4节 施工用风

8.4.1 用风量计算基本依据

风动机具耗气量及同时开动系数见表8.29、表8.30。

表8.29 风动机具耗气量

机具名称	耗风量（m^3/min）	需要风压（MPa）	机具名称	耗风量（m^3/min）	需要风压（MPa）
潜孔凿岩机 YQ150A	11~13	0.5~0.6	导轨式凿岩机 YZ100 导轨式	12	0.5
潜孔凿岩机 YQ150B	10~12	0.5~0.6	凿岩机 YZ220	13	0.5
潜孔凿岩机 YQ100	9	0.5~0.6	气腿式凿岩机 YT30	2.9	0.5
潜孔凿岩机 YQ100A	6.5~7.5	0.5~0.6	气腿式凿岩机 YT25	2.6	0.5
导轨式凿岩机 YG40	5.0	0.5~0.6	气腿式凿岩机 YT23	2.4~2.8	0.5~0.6
导轨式凿岩机 YG80	8.5	0.5~0.7	气腿式凿岩机 YTP-26	3.3	0.5~0.7
气腿式凿岩机 YT18	2.5	0.5	风砂轮 S100	1	0.5
手持式凿岩机 Y-3	0.7	0.5	风砂轮 06-150	1.7	0.5
凿岩机 Y-30	2.4	0.5	风螺刀 L4	0.2	0.5
隧道凿岩台车 CGZ15-300	100	0.5~0.6	风板机 B6	0.35	0.5
冲击器 C100	6	0.5~0.6	风板机 B10	0.6	0.5
冲击器 C150	12	0.5~0.6	风板机 B14	0.9	0.5
铆钉机 MQ3P	0.3	0.5	风板机 B20	1.25	0.5
铆钉机 MQ4A	0.4	0.5	风板机 B30	1.8	0.5
铆钉机 MZ2	0.3	0.5	风板机 B39	2	0.5
铆钉机 MQ5	0.4	0.5	风锯 15~300	2	0.5
铆钉机 MQ6	0.5	0.5	铆钉机 M28	0.9	0.5~0.6
铆钉机 M16	0.8	0.5	铆钉机 M40	1	0.5
铆钉机 M19	0.8	0.5	冲击杷柄 09-22	1.4	0.5~0.6
铆钉机 M22	0.9	0.5~0.6	风镐 GJ（037）	1	0.5
除锈锤 CXZ	0.3		风镐 GJ-7	1	0.4

续表

机具名称	耗风量 (m^3/min)	需要风压 (MPa)	机具名称	耗风量 (m^3/min)	需要风压 (MPa)
风动刻槽机 K-6	0.8	0.5	风镐 03-11	0.9~1	0.4
除锈机 XH-6	1.4	0.6	风铲 04-5	0.6	0.5
除锈器 10-3	1	0.5	风铲 04-6	0.6	0.5
风钻 ZW5	0.3	0.5	风铲 04-7	0.6	0.5
风钻 Z6	0.3	0.5	搅固机 10-11	0.65	0.5
风钻 ZQ6	0.3	0.5	气动马达 TM2	2.6	0.5
风钻 Z8	0.5	0.5	气动马达 TMB2	2.3	0.5
风钻 ZJ8	0.5	0.5	气动马达 TM3	4	0.5
风钻 ZS32	2	0.5	气动马达 TM10	9.2	0.5
风钻 05-22	1.7	0.5	气动马达 TMB-1	1.4	0.6
风钻 05-32	2.2	0.5	气动马达 TM1A-1	4	0.6
风钻 05-32-1	2	0.5	气动马达 TM1-3	3	0.6
风钻 ZS50	2.2	0.5	气动马达 TM1A-5	6	0.6
风砂轮 S40	0.4	0.5	气动马达 TM1-8	8	0.6
风砂轮 06-60	0.7	0.5	气动马达 M-1	1.4	0.6

表 8.30　　风动机具同时开动系数

机具数量	1	2~3	4~6	7~10	11~12	20 以上
同时开动系数	1	0.9	0.8	0.7	0.6	0.5

8.4.2 风源及风力管道选择

常用压缩空气机类型及有关数据见表 8.31、表 8.32。

表 8.31　　常用压缩空气机性能

型号	驱动方式	结构形式	冷却方式	安装性能	排气量 (m^3/min)	排气压力 (MPa)	转速 (r/min)
AW-3/7	电动	W 活塞	风冷	固动式	3	0.7	965
YV-6/8	电动	W 活塞	风冷	移动式	6	0.8	980
W-6/8	油动	活塞式	风冷	移动式	6	0.8	1225
YW-9/7-1	油动	活塞式	风冷	移动式	9	0.7	960

续表

型号	驱动方式	结构形式	冷却方式	安装性能	排气量 (m^3/min)	排气压力 (MPa)	转速 (r/min)
VY-9/7	油动	活塞式	风冷	移动式	9.5	0.7	1500
ZY-9/7	油动	活塞式	风冷	移动式	8~9	0.7	860
2010-9-7	油动	活塞式	风冷	移动式	8~9	0.7	1000
2001-10-8	电动	活塞式	水冷	固动式	10	0.8	970
3L-10/8	电动	活塞式	水冷	固动式	10	0.8	975
W-20/8	电动	活塞式	水冷	固动式	20	0.8	750
1-20/8	电动	活塞式	水冷	固动式	20	0.8	750
QY-12/7	油动	滑片式	内冷	移动式	12±0.5	0.7	1800
LG20-10/7	电动	螺杆式	水冷	固动式	10	0.7	3776
LGY20-10/7	油动	螺杆式	风冷	移动式	10	0.7	3776
LG20-22/7	电动	螺杆式	风冷	半移动式	22	0.7	3000
LGY25-17/7	油动	螺杆式	风冷	移动式	17	0.7	2250
LG20-20/7	电动	螺杆式	风冷	固定式	20	0.7	
AMS-370	油动	螺杆式	风冷	移动式	10.5	0.7	
AMS-600	油动	螺杆式	风冷	移动式	17	0.7	
TR-370 (PDR370)	油动	滑片式	油冷	移动式	10.5	0.7	

表 8.32　　压缩空气管道计算直径选择表

压缩空气流量 (m^3/min)	压缩空气管道的长度（m）							
	10	25	50	100	200	300	400	500
	管道计算直径（mm）							
1	20	20	25	25	33	33	37	37
1.5	20	25	25	33	37	40	43	43
2	25	33	33	37	40	43	46	46
4	33	37	37	43	49	54	54	58
5	33	37	40	46	54	58	58	64
6	33	40	43	49	58	64	64	70
7	33	40	46	54	64	70	70	76
8	37	43	49	58	64	70	76	76
9	37	43	49	58	64	76	76	82

续表

压缩空气流量（m^3/min）	压缩空气管道的长度（m）							
	10	25	50	100	200	300	400	500
	管道计算直径（mm）							
10	40	46	52	58	70	76	82	82
15	43	52	64	70	82	88	94	94
20	49	58	76	82	88	100	106	113
25	54	64	76	88	100	106	113	119
50	70	82	94	106	125	131	143	143
100	88	106	119	137	162	176	180	192

注 管道采用钢管，压力降0.1计算大气压系以直线管段计算，不计管道转弯，补偿器和装配件处的压力降。

第5节 临时施工道路

8.5.1 简易道路技术标准

（1）简易道路技术标准见表8.33。

表8.33 **简易道路技术标准**

名称	单位	技术标准
路基宽度	m	双车道6～6.5；单车道4～4.5；困难地段3.5
路面宽度	m	双车道5～5.5；单车道3～3.5
平面线最小半径	m	平原、微丘50；山岭重丘15；回头弯道12
最大纵坡	%	8；特殊艰巨的山岭区可增加1%；海拔2000m以上地区不得增加
纵坡最短长度	m	≥100；当受到限制时，可减至80
桥面宽度	m	木桥4～4.5
桥涵载重等级	t	木桥涵10

（2）道路与建筑物、构筑物的最小间距见表8.34。

表 8.34　道路与建筑物、构筑物的最小间距　单位：m

道路与建（构）筑物关系	最小间距
1. 距建筑物、构筑物外墙	
（1）靠路无出入口	1.5
（2）靠路有人力车、电瓶车出入口	3
（3）靠路有汽车出入口	8
2. 距标准轨、铁路中心线	3.75
距窄轨铁路中心线	3
3. 距围墙	
（1）在有汽车出入口附近	6
（2）无汽车出入口，无电杆时	2
（3）无汽车出入口，无电杆时	1.5
4. 距树木	
（1）乔木	0.75－10
（2）灌木	0.5

（3）施工现场最小道路宽度见表 8.35。

表 8.35　施工现场最小道路宽度　单位：m

序号	车辆类别及要求	道路宽度
1	汽车单行道	≥3.0
2	汽车双行道	≥6.0
3	平板拖车单行道	≥4.0
4	平板拖车双行道	≥8.0

（4）施工现场最小转弯半径见表 8.36。

表 8.36　施工现场最小转弯半径　单位：m

车辆类型	路口内侧的最小曲线半径			备注
	无拖车	有一辆拖车	有二辆拖车	
小客车、三轮汽车	6			
一般二轴载重汽车：单车道、双车道	9 7	12	15	如 4t 5t

续表

车辆类型	路口内侧的最小曲线半径			备注
	无拖车	有一辆拖车	有二辆拖车	
三轴载重汽车、重型载重汽车、公共汽车	12	15	18	如12t 25t
超重型载重汽车	19	18	21	如40t

（5）道路的最大纵向坡度见表8.37。

表8.37　　道路的最大纵向坡度

序号	道路类别	纵向坡度
1	土路	≤4%
2	土路特殊段	≤6%
3	加骨料的路面	≤6%
4	加骨料的路面特殊段	≤8%

8.5.2　路面类型的选择

路面类型的选择见表8.38。

表8.38　　路面类型的选择

路面构成	特点及其使用条件	路基土	路面厚度（cm）	材料配合比
级配砾石路面	雨天照常通车，可通行较多车辆，但材料级配要求严格	砂质土	10～15	体积比： 粘土∶砂∶石子＝1∶0.7∶3.5； 重量比： 1. 面层：粘土13%～15%，砂石料85%～87%； 2. 底层：粘土10%，砂石混合料90%
		粘质土或黄土	14～18	
碎（砾）石路面	雨天照常通车，碎（砾）石本身含土较多，不加砂	砂质土	10～18	碎（砾）石＞65%，当地土壤含量≤35%
		砂质土或黄土	15～20	
碎砖路面	可维持雨天通车，通行车辆较少	砂质土	13～15	垫层：砂或炉渣4～5cm； 底层：7～10cm碎砖； 面层：2～5cm碎砖
		粘质土或黄土	15～18	

续表

路面构成	特点及其使用条件	路基土	路面厚度（cm）	材料配合比
炉渣或矿渣路面	可维持雨天通车，通行车辆较少，当附近有此项材料可利用时	一般土	10～15	炉渣或矿渣75%，当地土25%
		较松软时	15～30	
砂土路面	雨天停车，通行车辆较少，附近不产石料而只有砂时	砂质土	15～20	粗砂50%，细砂、粉砂和粘质土50%
		粘质土	15～30	
风化石屑路面	雨天不通车，通行车辆较少，附近有石屑可利用时	一般土壤	10～15	石屑90%，粘土10%
石灰土路面	雨天停车，通行车辆少，附近产石灰时	一般土壤	10～13	石灰10%，当地土壤90%

8.5.3 各种路面面层每100m^{2}材料需用量

各种路面面层每100m^{2}材料需用量见表8.39。

表8.39　各种路面面层每100m^{2}材料需用量

序号	路面类型	厚度（cm）	碎石2.5～4（m^3）	碎石0.5～1（m^3）	碎石1.5～3（m^3）	碎石1～1.2（m^3）	砂（m^3）	水泥41.7（MPa）
1	泥结碎石面层	10	12	0.2	—	—	—	—
2	水泥结碎石面层	19	22.5	—	—	—	7.5	5625
3	水泥混凝土石面层	20	—	—	24	—	12	8000
4	浇沥青碎石面层	7.5	6.5	1.5	2	—	—	—
5	浇沥青敷面	5	—	1.5	—	—	—	—
6	沥青碎石面层		—	5.6	—	1.2	—	—

续表

序号	路面类型	钢筋（kg）	柏油（kg）	煤（kg）	黄泥（m^3）	沥青（kg）	劈柴（kg）	
1	泥结碎石面层	—	—	—	4	—	—	
2	水泥结碎石面层	—	—	—	—	—	—	
3	水泥混凝土石面层	120	—	—	—	—	—	
4	浇沥青碎石面层	—	900	150	—	—	30	
5	浇沥青敷面	—	150	50	—	—	15	
6	沥青碎石面层	—	—	280	—	600	25	

注 表中柏油系数指煤沥青；沥青系数指石油沥青。

第6节 施工平面布置

8.6.1 场内运输

皮带运输机及轻轨线路布置见表8.40、表8.41。

表8.40 皮带运输机运送材料的最大倾斜角度 单位：（°）

序号	材料名称	角度	序号	材料名称	角度
1	经洗净或挑选的砾石	12	5	石灰	23
2	压碎未经挑选的石子	18	6	水泥	20
3	干砂	18	7	红砖	20
4	湿砂	27			

表8.41 轻轨线路最大限制坡度

牵引条件	最大限制坡度（‰）	
	一般情况	特殊情况
机车牵引	3~5	30
人力推运	3	12

8.6.2　工地防火、防爆安全要求

工地防火、防爆安全要求见表 8.42～表 8.44。

表 8.42　　各种临时设施防火最小间距　　单位:m

序号	项　目	临时宿舍及生活用房			临时生产设施		正式建筑物				铁　路（中心线）		公路（路边）		电力线
		单栋砖木	单栋钢木	成组内的单栋	砖木	钢木	一二级	三级	四级	厂外	厂内	厂外	厂内主要	厂内次要	
1	临时宿舍及生活用房: 单栋:砖木 全钢木 成组内的单栋	 8 10 10	 10 12 12	 10 12 3.5	14 16	16 18	12 14	14 16	16 18						
2	临时生产设施: 砖　木 全钢木	 14 16	 16 18	 16 18	 14 16	 16 18	 12 14	 14 16	 16 18						
3	易燃品: 仓　库 贮　罐 材料堆场	 30 20 25	 30 25 25		 20 20 20	 25 25 25	 15 15 15	 20 20 20	 25 25 25	 40 35 30	 30 25 20	 20 20 15	 10 15 10	 5 10 5	电杆高度的105倍
4	锅炉房、变电所、发电机房、铁工房、厨房、家属区	10～15													

注　1. 本表摘自《建筑设计防火规范》和国务院《关于工棚临时宿舍防火和卫生设施的暂行规定》。
2. 易燃品储存量均按 $200m^3$ 以内,木材堆场为 $1000m^3$ 以内。
3. 贮罐间的防火距离:地上为 D,半地下为 $0.75D$,地下为 $0.5D$（D 为贮罐直径）。
4. 当地形限制达不到防火距离时,可设防火墙直到屋顶。

表 8.43　　临时房屋和爆破点的安全距离　　单位：m

序号	爆破方法	安全距离
1	裸露药包法	不小于400
2	炮眼法	不小于200
3	药壶法	不小于200
4	深眼法（包括深眼药壶法）	按设计定，但任何情况下不小于200
5	峒室药包法	按设计定，但任何情况下不小于200

表 8.44　　炸药库与邻近建筑的安全距离　　单位：m

序号	邻近对象	如下炸药量时的安全距离					
		250kg	500kg	2000kg	8000kg	16000kg	32000kg
1	有爆炸危险的工厂	200	250	300	400	500	600
2	一般生产、生活用房	200	250	300	400	450	500
3	铁路	50	100	150	200	250	300
4	公路	40	60	80	100	120	150

8.6.3　道路与管道布局

道路与管道布局见表 8.45、表 8.46。

表 8.45　　道路与建筑物的最小间距　　单位：m

序号	道路与建、构筑物等的关系	最小间距	序号	道路与建、构筑物等的关系	最小间距
1	距建、构筑物外墙： （1）靠路无出入口 （2）靠路有人力车电瓶车出入口 （3）靠路有汽车出入口	 1.5 3 8	4	距围墙： （1）在有汽车出入口附近； （2）在无汽车出入口附近，有电线杆时 无电线杆时	 6 2 1.5
2	距标准轨铁路中心线	3.75	5	距树木： （1）乔木； （2）灌木	0.75～1.0
3	距窄轨铁路中心线	3.00			

表 8.46　　各种管道线路平面布置的最小净距　　单位：m

序号	名称	建筑物	铁路		公路边缘	围墙	照明电杆（中心）	高压电杆（支座）	管道沟	给水管线		排水		电力电缆	压缩空气	乙炔氧气	管道支架
			路堤路堑	中心线						≥200mm	<200mm	管	沟				
1	建筑物			6	1.5				2~3	5	5	2.6	1.5	0.6	1.5	3	
2	给水管线 ≥200mm	距红线5	路堤坡脚5		1.0	2.5	1.0	3	1.5			5		1.0	1.5	1.5	
	给水管线 <200mm		路堑坡顶10		1.0	1.5	1.0	3	1.5			3		1.0	1.5	1.5	
3	管道沟	2~3		3.5	1.0	1.5	1.5	3		1.5	1.5			2.0	1.5	1.5	
4	排水管	2.5	5		1.5		1.5		1.5	3	1.5	1.5		1.0	1.5	1.5	2.0
	排水沟			3.5	1.0	1.0	1.5	3									
5	电力电缆线	0.6		3.5	1.0	0.5	0.5	0.5	2.0	0.5	0.5			1.0		1.0	
6	压缩空气管	1.5		3.5	1.0	1.0	1.5	3	1.5	1.5	1.5			1.0		1.5	
7	乙炔氧气管	3		3.5	1.0	1.5	1.5	3	1.5	1.5	1.5			1.0	1.5		

注　1. 表中建筑物距铁路中心线的数字是指房屋有出入口时的净距，当无出入口时为3m，虽有出入口但设有平行栅栏于其间时为5m。
2. 表中建筑物距排水管的数字是指管子浅于房屋基础时的净距，当管子深于房屋基础时，净距应为3m。
3. 给水管在污水管上交叉通过时，外壁净距应不小于0.5m，并不许有按口重叠；在污水管下交叉通过时，饮用水管应加套管，其长度距交叉点每边不小于3m；与其他管道相交进，净距不小于0.15m。
4. 管道过河时，应埋在河底以下大于0.5m处，在航道范围内时应大于1.0m。
5. 铁路中心线至公路边缘最小净距不小于3.75m（同一标高）。

8.6.4 建筑工地运输参考数据

建筑工地运输参考数据见表 8.47 ~ 表 8.49。

表 8.47　　汽车计算速度参考表　　单位：km/h

道路位置	道路等级	载重量（t）					
		汽车或自卸车			带拖车的汽车		
		2 以下	2.5 ~ 4	5 ~ 7	2 以下	2.5 ~ 4	5 ~ 7
在城市和建筑工地外	Ⅰ	32	28	26	24	20	16
	Ⅱ	30	26	24	21	18	15
	Ⅲ	24	20	16	18	16	14
在城市和建筑工地内	Ⅰ ~ Ⅱ	20	19	17	18	17	15
	Ⅲ	18	16	14	16	14	12
	Ⅳ	16	13	12	14	11	10
	Ⅴ	13	11	—	—	—	—

表 8.48　　平板拖车汽车牵引速度　　单位：km/h

道路等级	拖车吨位			车速系数（%）	道路等级	拖车吨位			车速系数（%）
	10t	15t	20t			10t	15t	20t	
Ⅰ	15	13	11	100	Ⅲ	10.5	9.4	8	72
Ⅱ	13	11.5	9.5	81	Ⅳ	9	7.8	6.5	60

表 8.49　　汽车运输时各种货物装载量

货物名称	单位重		计算单位	载重汽车			翻斗汽车				
				汽车吨位							
	单位	数量		3.0t	4.0t	7.5t	3.5t	5.0t	6.5t	8.0t	10.0t
砂	kg/m³	1650	m³	1.8	2.4	4.5	2.1	3.6	3.9	4.4	5.9
河流石	kg/m³	1650	m³	1.8	2.4	4.5	2.1	3.6	3.9	4.4	5.9
红砖	kg/块	2.6	块	1150	1500	2800	1300	1900	2500	3050	3300
泥土	kg/m³	1650	m³	1.8	2.4	4.5	2.1	3.6	3.9	4.4	5.9
水泥	kg/袋	50	袋	60	80	150	70	100	130	160	200
块状生石灰	kg/m³	1000	m³	3.0	4.0	5.9	2.5	3.6	4.6	4.4	5.9
粉煤	kg/m³	1350	m³	2.2	2.9	5.5	2.5	3.6	4.6	4.4	5.9
块煤	kg/m³	1650	m³	1.8	2.4	4.5	2.1	3.6	3.9	4.4	5.9
煤渣	kg/m³	800	m³	3.7	4.7	5.9	2.5	3.6	4.6	4.4	5.9
耐火砖	kg/块	3.7	块	800	1050	2000	900	1300	1750	2150	2700

注　水泥表观密度为 1000 ~ 1600 kg/m³，常采用 1800 kg/m³ 左右。